# ALBERT DUCROCQ

## D'UNE PLANETE A L'AUTRE

PLON

## DU MÊME AUTEUR

Les Armes secrètes allemandes (Berger-Levrault 1947).
L'Humanité devant la navigation interplanétaire (Calmann-Lévy 1947).
Les Horizons de l'énergie atomique (Calmann-Lévy 1948).
Les Armes de demain (Berger-Levrault 1949).
Théorie élémentaire des piles atomiques (Dunod 1950).
Destins industriels du monde (Berger-Levrault 1950).
L'Atome, univers fantastique (Hachette 1951).
Appareils et cerveaux électroniques (Hachette 1952).
L'Ère des robots (Julliard 1953).
Découverte de la cybernétique (Julliard 1955).
La Science à la conquête du passé (Plon 1955).
Logique de la vie (Julliard 1956).
La Route du cosmos (Julliard 1957).
Victoire sur l'espace (Julliard 1959).
Logique générale des systèmes et des effets (Dunod 1960).
L'Homme dans l'espace (Julliard 1961).
Le Fabuleux Pari sur la Lune (12 septembre 1959) (Laffont 1961).
Plate-forme pour le cosmos (Julliard 1962).
Le Roman de la matière, Cybernétique et Univers I (Julliard 1963).
Le Roman de la vie, Cybernétique et Univers II (Julliard 1966).
Demain l'espace (Julliard 1967).
L'Homme sur la Lune (Julliard 1969).
Le Roman des hommes (Julliard 1973).
A la recherche d'une vie sur Mars (Flammarion 1976).
La Chaîne bleue (Éditions n° 1 1979).
Victoire sur l'énergie (Flammarion 1980).
Vers une société de communication (Hachette 1981).
Histoire de la Terre (Nathan 1982).
Le Ciel des hommes (Flammarion 1983).
Le Futur aujourd'hui (Plon 1984).
Mémoires d'une comète, « Tous les 76 ans, je reviens » (Plon 1985).

Conception,
réalisation et mise en pages
ALAIN DA CUNHA

© Librairie Plon, 1986
ISBN 2-259-01452-6
Numéro d'éditeur : 11456
Dépôt légal : mai 1986

# SOMMAIRE

| | |
|---|---|
| **Les neuf planètes du système solaire** | 6 |
| **LE SOLEIL** | 8 |
| **MERCURE** | 12 |
| **VENUS** | 20 |
| **LA TERRE** | 28 |
| *La Lune* | *34* |
| **MARS** | 42 |
| *Phobos et Deimos* | *58* |
| **JUPITER** | 60 |
| *Io* | *68* |
| *Europe* | *72* |
| *Ganymède* | *74* |
| *Callisto* | *75* |
| **SATURNE** | 76 |
| *Mimas* | *84* |
| *Encelade* | *85* |
| *Téthys* | *86* |
| *Dioné* | *87* |
| *Rhéa* | *88* |
| *Titan* | *89* |
| *Les petits satellites* | *90* |
| **URANUS** | 92 |
| *Miranda* | *98* |
| *Ariel* | *100* |
| *Umbriel* | *101* |
| *Titania* | *102* |
| *Obéron* | *103* |
| *Les petits satellites* | *103* |
| **NEPTUNE** | 104 |
| **PLUTON** | 105 |
| **LA COMETE DE HALLEY** | 106 |
| **Caractéristiques essentielles** | 112 |
| **Les clés de la réussite** | 112 |

**URANUS**
A 2 874 990 000 km du Soleil
∅ = 52 290 km
⩾ 15 satellites

**JUPITER**
A 778 300 000 km du Soleil
∅ = 142 796 km
⩾ 16 satellites

**MERCURE**
A 57 909 000 km du Soleil
∅ = 4 878 km
Pas de satellite

**VÉNUS**
A 108 210 000 km du Soleil
∅ = 12 101 km
Pas de satellite

**TERRE**
A 149 597 871 km du Soleil
∅ = 12 756 km
1 satellite

**MARS**
A 227 940 000 km du Soleil
∅ = 6 796 km
2 satellites

**PLUTON**
A 5 900 000 000 km du Soleil
∅ ≃ 3 000 km
1 satellite

**Diamètre du Soleil à cette échelle : 10 fois la double page.**

**SATURNE**
A 1 429 380 000 km du Soleil
$\varnothing$ = 120 660 km
$\geqslant$ 17 satellites

**NEPTUNE**
A 4 504 330 000 km du Soleil
$\varnothing$ = 49 500 km
3 satellites

# LES NEUF PLANETES DU SYSTEME SOLAIRE

# LE SOLEIL

# LE SOLEIL / Encore 6 milliards d'années à vivre...

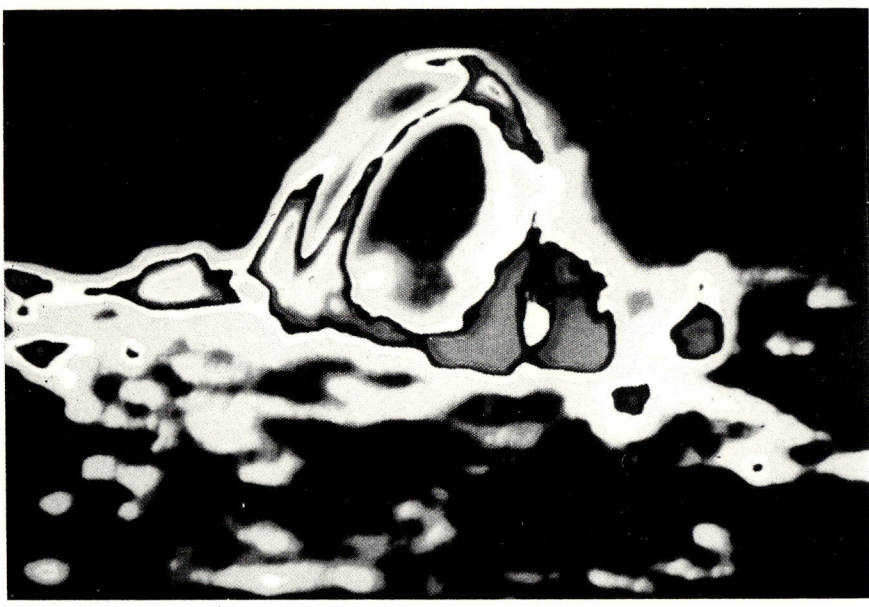

*Complexité et gigantisme sont les deux traits de l'activité solaire. Engendrée par les matériaux de l'atmosphère, une protubérance comporte des pieds, des arches, des motifs, sa substance étant tissée par le magnétisme. La hauteur d'une telle formation peut dépasser le diamètre de Jupiter, vingt fois plus petit que celui du Soleil, estimé à 1 393 000 km. Nous réalisons mal que le Soleil n'aurait pas, il s'en faudrait de beaucoup, la place de passer entre la Terre et la Lune. Et sa masse représente 332 946 fois la Terre. A l'équateur, le Soleil tourne sur lui-même en 25 jours.*

*Egale à 618 km/s, la vitesse de libération du Soleil peut être atteinte épisodiquement par des matériaux violemment éjectés depuis son environnement. Elle est régulièrement dépassée par la fraction de son atmosphère supérieure que le Soleil souffle vers l'espace envoyant chaque seconde à travers le système solaire un demi-million de tonnes (une masse en fait très inférieure à celle perdue par rayonnement) selon une dynamique que le cliché en couleurs de la page précédente a permis de découvrir.*

Pourquoi notre langue lui confère-t-elle le genre masculin ? Il est notre étoile, son éclat tenant à son faible éloignement : nous sommes en moyenne à 149,6 millions de kilomètres du Soleil, une distance que la lumière franchit en 8 minutes alors que 4,27 années lui sont nécessaires pour nous venir de Proxima du Centaure, la plus proche étoile après le Soleil, les objets de notre galaxie — la Voie Lactée — se trouvant à des centaines, voire à des milliers d'années-lumière, tandis que se chiffrent en millions d'années-lumière les éloignements des autres galaxies.

Ainsi les cataclysmes de l'univers pourront nous laisser indifférents : seul compte pour nous le Soleil. Que son régime change un tantinet et nous serons malades. Que son énergie baisse de 10 % et la Terre serait couverte de glace.

Les astronomes ayant rangé les étoiles par masse décroissante selon la séquence O, B, A, F, G, K, M, le Soleil se révèle appartenir à la catégorie G, et donc ne pas faire partie des plus lourdes. C'est heureux car la puissance de ce réacteur thermonucléaire que constitue une étoile croît très vite avec sa masse, précipitant le temps où elle deviendra une géante dévoreuse de son voisinage.

Comment le Soleil se présente-t-il physiquement ? Son portrait-robot est demandé à des satellites : OSO, Skylab, Helios hier, Ulysse demain.

A l'automne 1983, le Spacelab mesure avec précision sa puissance : 381 600 milliards de milliards de kilowatts, fournis par la transformation, chaque seconde, de 596,3 millions de tonnes d'hydrogène en 592,1 millions de tonnes d'hélium, essentiellement là où les températures sont très élevées. Le plus clair de l'énergie provient ainsi d'un petit noyau, à peine plus gros que la Terre, à l'intérieur duquel 12 millions de degrés sont dépassés, le transport de la chaleur à partir des régions centrales étant d'abord radiatif, puis convectif vers une surface à quelque 5 500 °C où l'on voit les matériaux arriver sous forme de granules d'environ 1 000 km ; ils s'élèvent à la vitesse de 1 km/s dans la couche supérieure du Soleil dite photosphère depuis laquelle l'énergie est rayonnée vers l'espace.

99 % de la substance du Soleil sont représentés par hydrogène et hélium, les autres éléments réunis émargeant pour 1 % mais sans qu'aucun ait la forme « neutre » sous laquelle nous les connaissons dans le cadre terrestre. En raison des températures, tous offrent, au sein du Soleil, les traits d'atomes disloqués, dénommés ions en raison des charges électriques dont ils sont porteurs, un gaz d'ions constituant un « plasma » très sensible aux champs magnétiques.

Or les années écoulées nous ont fait prendre conscience du rôle majeur joué par le magnétisme sur le Soleil où la température n'est pas uniforme. Certaines régions, à quelque 4 500 °C seulement, apparaissent noires par contraste, elles sont appelées taches. On les observe par paires singulièrement par 40° de latitude : ce sont des régions où la surface est percée par des lignes de force du champ magnétique solaire qui, au lieu de rester confinées dans l'astre, forment une boucle extérieure, sortant du Soleil par une tache pour rentrer par l'autre. Ainsi, dans les taches, il faut voir des domaines où le champ magnétique est vertical. Leur nombre passe tous les 11 ans par un maximum dont l'importance varie d'un cycle à l'autre, un maximum absolu ayant été enregistré en 1958 (200 taches).

Inversement, la température atteint 6 500 °C dans les régions très brillantes dénommées facules, le Soleil étant incroyablement agité. Imaginez à sa surface des vagues de feu s'élevant à des dizaines de kilomètres et des matériaux projetés beaucoup plus haut encore vers l'atmosphère moyenne du Soleil ou chromosphère : les facules sont des concentrations — dans la chromosphère qui se trouve localement chauffée — du champ magnétique ayant jailli par les taches.

Cette activité ne modifie pas le volume de l'énergie émise par le Soleil. Mais elle a des répercussions sur son rayonnement invisible dont les hommes ont la révélation à l'ère spatiale, essentiellement sur l'ultraviolet (12 % de ce rayonnement invisible) auquel sont dues, dans l'atmosphère de la Terre, les réactions chimiques étudiées par l'aéronomie.

Et un flux de matière émane du Soleil, ce dernier étant émetteur de particules de grande énergie. En outre, il perd un peu de sa haute atmosphère ou couronne, soufflée vers l'espace. Ainsi naît le vent solaire, prévu au milieu du XX$^e$ siècle par Biermann et mis en évidence par les Luna en 1959, les engins spatiaux ayant pu en déterminer les caractéristiques et, grâce à des mesures poursuivies pendant plus d'un quart de siècle, en découvrir l'extraordinaire versatilité.

Le vent solaire est, en règle générale, d'autant plus intense que le Soleil est plus actif, entendons que le nombre de ses taches est plus élevé, sans doute parce qu'à ces époques la haute atmosphère du Soleil est la plus chaude (5 millions de degrés, contre 2 en période de Soleil calme), la vitesse du vent solaire pouvant alors dépasser 700 km/s (contre quelque 200 km/s en période de Soleil calme où d'autre part le débit sera moindre).

Le vent solaire n'atteint pas notre planète, mais il comprime sa magnétosphère, région où domine le champ magnétique terrestre par lequel le vent solaire est écarté. Il en résulte une plus forte densité de l'atmosphère supérieure de la Terre, avec la présomption de répercussions sur la basse atmosphère. Tel est, d'une manière générale, le lot de tous les mondes ayant un magnétisme appréciable : leur magnétosphère se trouve modelée par le vent solaire.

Dans le cas contraire, le vent solaire frappe le sol. Lors de la première marche des hommes sur la Lune, Armstrong et Aldrin eurent pour tâche le déploiement d'une bannière métallisée destinée à absorber le vent solaire. Ainsi purent-ils rapporter, dans leurs bagages, des échantillons du Soleil en sus de leurs échantillons lunaires.

L'activité du Soleil n'en modifie guère aujourd'hui la puissance, celle-ci ayant lentement augmenté au cours des temps cosmiques. La jeune Terre recevait sans doute un rayonnement solaire d'une intensité peut-être inférieure d'un tiers à sa valeur actuelle.

C'est peu au regard des écarts que présentent d'autres étoiles, le Soleil devant être regardé comme un modèle de stabilité tout en ayant encore devant lui 6 milliards d'années de jeu-

nesse, ce qui laisse à ses planètes un bel avenir...

Car le Soleil est le centre du système constitué par les objets secondaires restés blottis auprès de lui à quelques heures-lumière tout au plus.

De l'univers, né il y a quelque 15 milliards d'années, il est en effet un enfant de la vieillesse, issu d'une matière dans laquelle figurent les cendres des étoiles ayant explosé après avoir massivement créé des éléments lourds. Ainsi, tandis qu'il est boule de gaz formé par la contraction d'une « nébuleuse primitive », autour de lui, les poussières forment un disque qui va s'aplatissant et cela favorise les rencontres : des germes grossissent jusqu'à devenir des planètes qui d'abord se livrent à une furieuse guerre des mondes avant de trouver des orbites stables, tenues en laisse par la gravitation du Soleil, et ce dernier leur prodigue son énergie, d'autant plus généreusement qu'elles sont plus proches, les bilans pouvant revêtir les aspects les plus différents à l'enseigne d'une extrême complexité.

Là est la grande révélation d'une exploration du système solaire par des sondes spatiales. Elles découvrent des mondes prodigieux, volontiers actifs, différents les uns des autres de sorte que, de planète en planète, le scientifique va de surprise en surprise...

*Par une étonnante coïncidence, dans notre ciel les diamètres apparents de la Lune (29,1' à 32,5') et du Soleil (31,5' à 32,5') sont du même ordre, le disque lunaire recouvrant complètement le Soleil lors d'une éclipse totale. Alors on peut contempler l'atmosphère du Soleil pour en découvrir l'aspect non pas stratifié mais radial. Le point brillant visible sur ce cliché au large du Soleil n'est autre que la planète Vénus.*

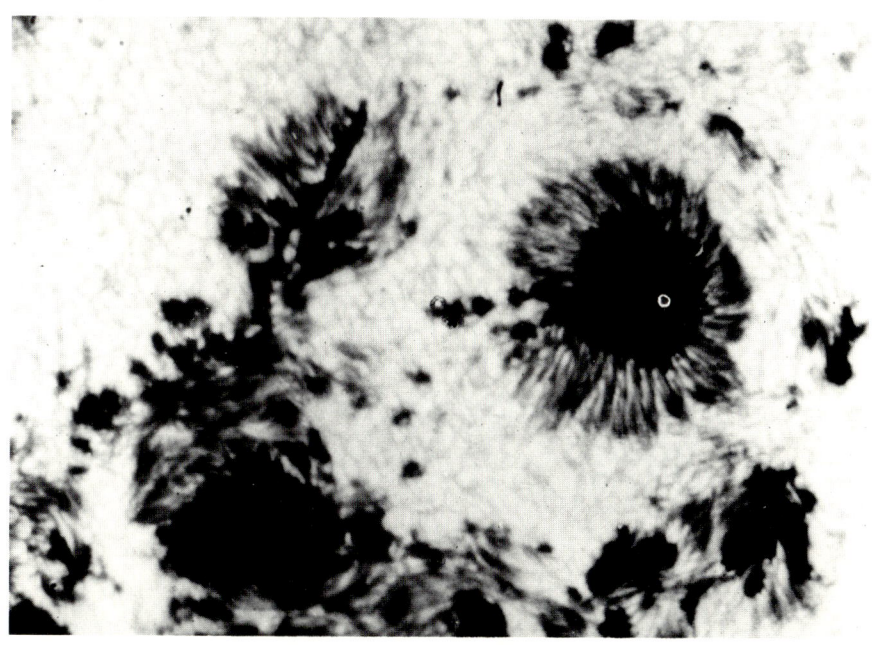

*Recueilli depuis 24 000 m par un ballon dans le cadre du programme Stratoscope du Naval Research Observatory, ce cliché d'une tache solaire en montre remarquablement la structure avec, au centre, une ombre noire (dont le diamètre représente ici quelque 5 000 km). Elle est entourée d'une pénombre de filaments selon une structure de pétales : ayant jailli par la tache, le magnétisme est en effet générateur d'une pression qui l'emporte sur celle du gaz. Ainsi, en dépit d'une pesanteur égale à 27,8 fois la pesanteur terrestre, les matériaux s'élèvent selon les lignes de force du champ magnétique solaire.*

# MERCURE

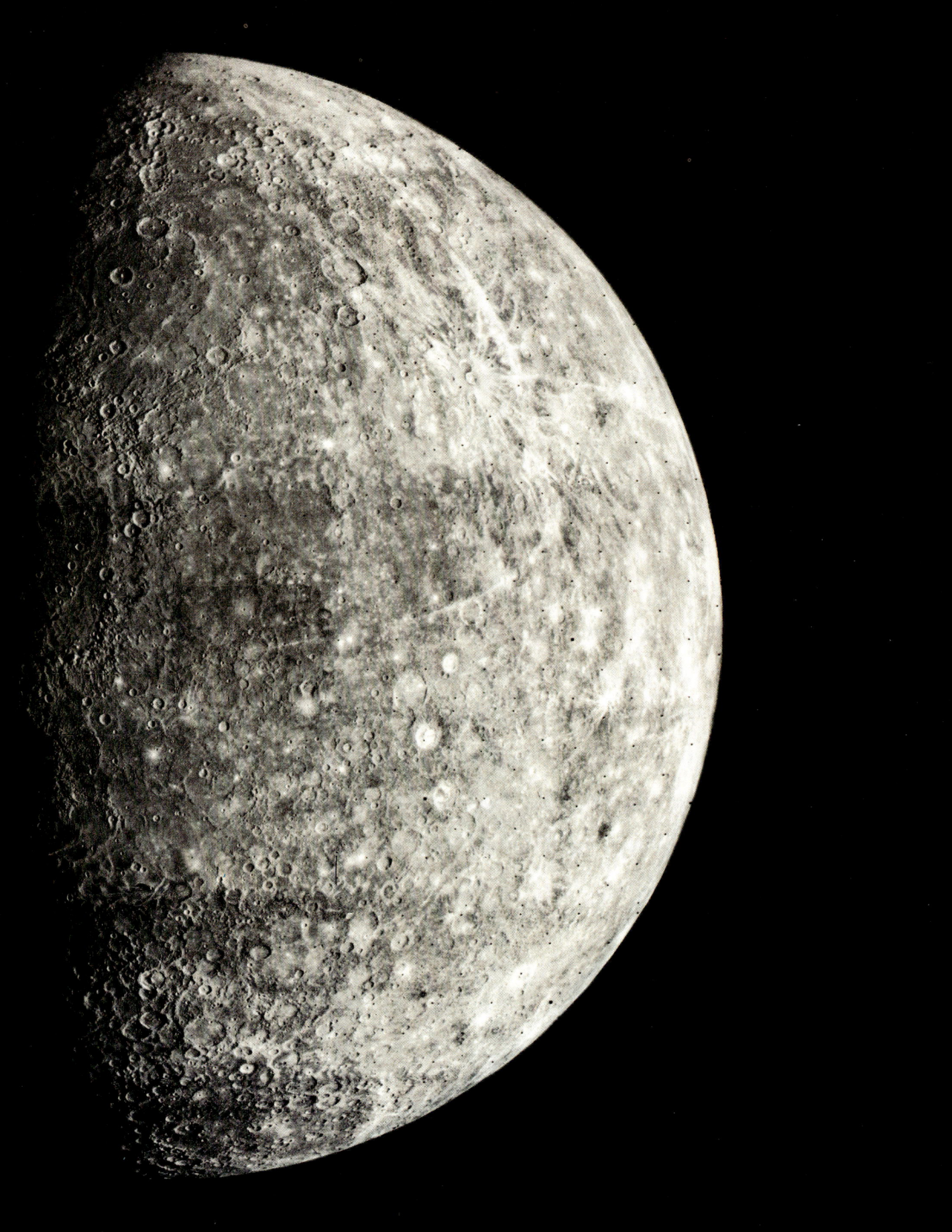

# MERCURE / D'un pôle à l'autre

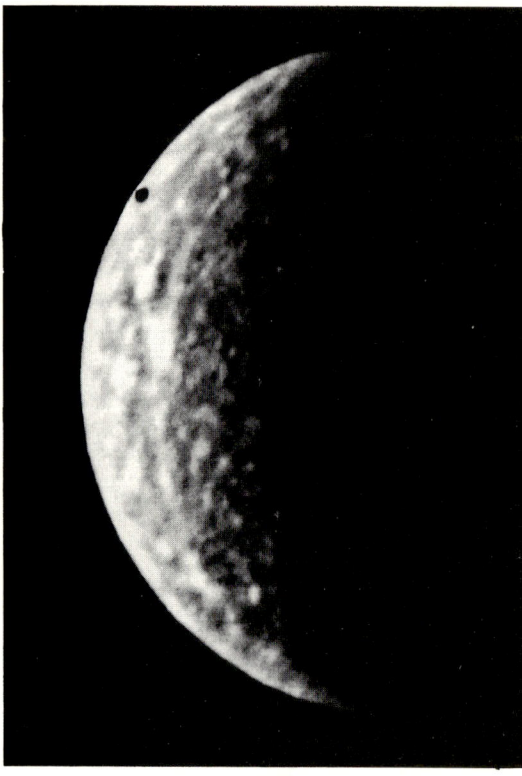

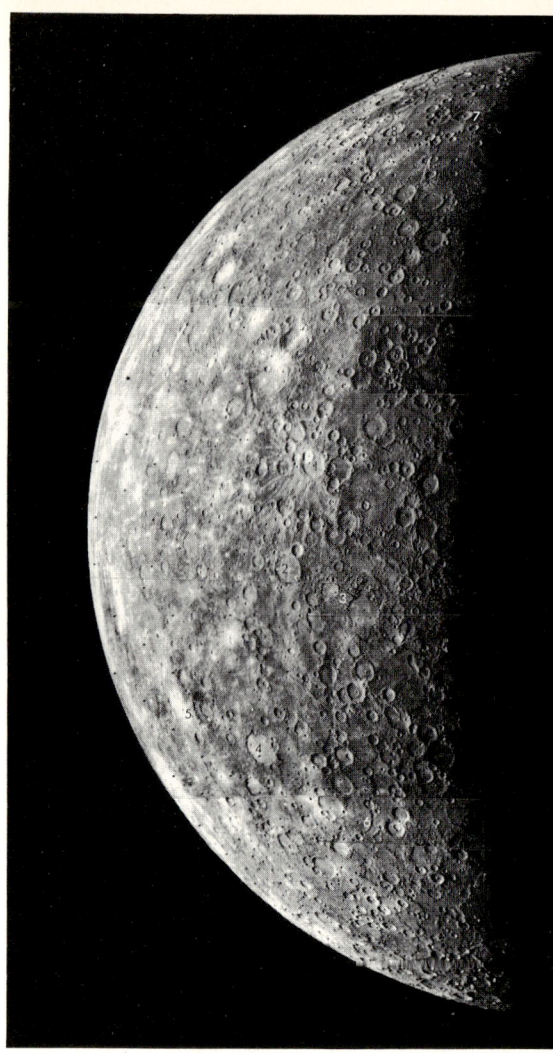

*Au fur et à mesure que Mariner-10 s'approche de Mercure le 29 mars 1974, le visage de la planète est discerné sur les deux premiers clichés. Créée à partir de 18 photographies recueillies à 14 s d'intervalle six heures avant le survol, la troisième vue montre les cratères Kuiper (1), Ibsen (2), Schubert (4), Chekhov (5), Gluck (7), Holbein (8), la vallée Arecibo (3), les escarpements Discovery (6) et Victoria (9). Présentant un gros plan obtenu depuis 198 000 km, quatre heures avant le survol, le quatrième cliché permet de retrouver Ibsen (1), Chekhov avec son cratère à double rempart (2) et Schubert (3).*

Conformément à la prévision de Kepler, Gassendi observe le passage devant le Soleil, le 7 novembre 1631, d'un caillou brûlant : il faut l'imagination des poètes pour le peupler de créatures ailées.

En vérité, dans les lunettes, aucun détail ne peut être discerné sur la première planète du système solaire. Ainsi les astronomes s'autosuggestionnent : Bessel et Schröter croient la voir tourner sur elle-même en quelque 24 heures comme la Terre. Au début du XXe siècle l'astreinte à observer Mercure lors de son élonga-

*Faisant découvrir dans ses détails la partie supérieure du cliché trois de la série ci-dessus, cette image (dont la base couvre 580 km) a été recueillie depuis 77 800 km avant que Mariner-10 aborde l'hémisphère plongé dans la nuit. On retrouve Gluck (1), Holbein (2), Victoria Rupes (4) dont les structures peuvent être discernées, et on découvre Sor Juana (3).*

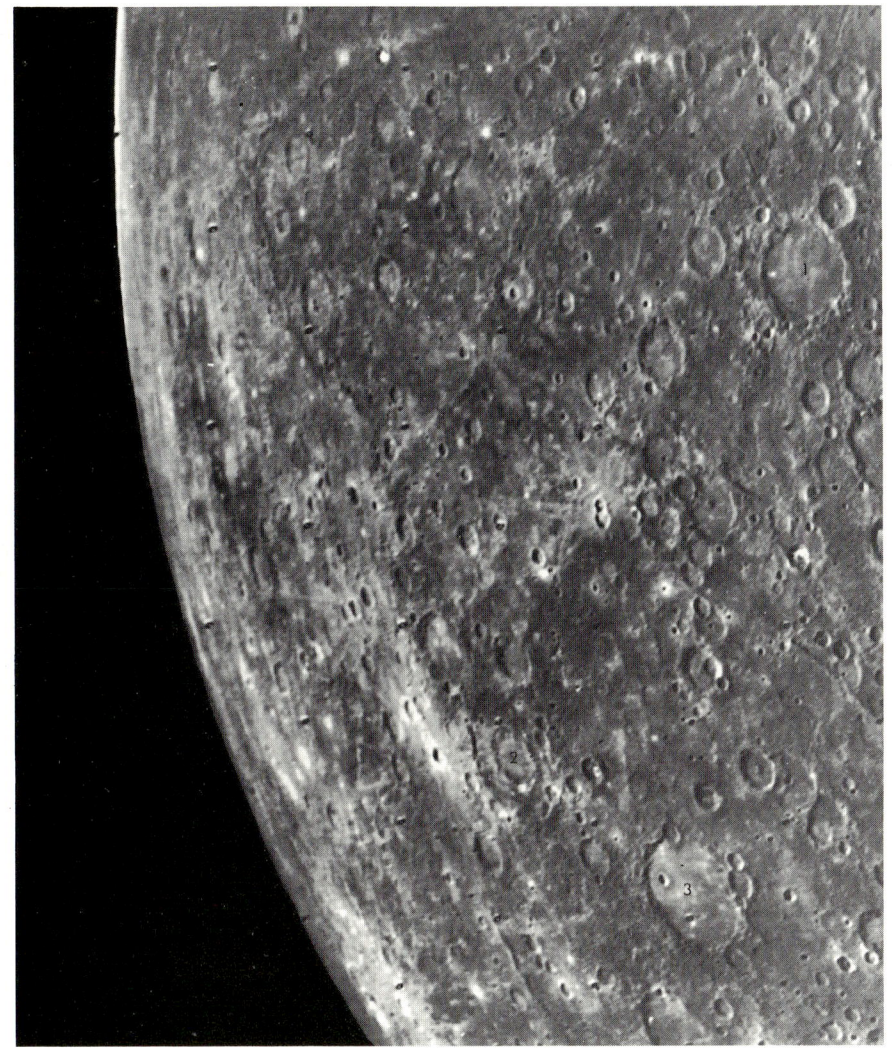

tion maximale fait prévaloir le modèle moins séduisant d'une même face toujours éclairée. Ce n'est pas davantage exact. Le radar donnera la clé du mystère en révélant que l'attraction solaire a freiné la rotation de Mercure jusqu'à l'instauration d'une résonance : cette rotation s'effectue en 58,6 jours, temps égal aux deux tiers de sa révolution en 88 jours autour du Soleil.

Dans ces conditions, on calcule que la journée dure 176 jours, soit deux années, l'excentricité (0,2) de son orbite valant à Mercure de voir sa rotation l'emporter sur le mouvement apparent du Soleil lorsqu'elle en est loin. Ainsi dans le ciel mercurien, au cours de chacun des deux hivers que là-bas le jour compte, le Soleil s'immobilise puis rebrousse chemin, arrêté par le fantôme de Josué...

La dimension de cette planète n° 1 ? On la donnait 2,6 fois moins grosse que la Terre. En fait, sa taille était difficile à apprécier par des moyens astronomiques. Et la masse de Mercure se mesurait encore plus mal, car la planète ne possède pas de satellite et c'est une influence infime qu'elle exerce sur le mouvement de Vénus. Le rayon (2 439 km) était sous-évalué, tandis que l'on surestimait la masse (0,055 Terre). Résultat : on exagérait beaucoup la densité, assurément élevée (5,44) de la planète.

A sa proximité du Soleil Mercure doit en effet d'être née de poussières riches en matériaux réfractaires : on en a la confirmation avec les sondes spatiales.

Les sondes ? Il faut parler au singulier. Un seul engin nous a, à ce jour, montré Mercure dont les deux tiers de la surface ont été photographiés sous une incidence autorisant une cartographie.

*Lors de son deuxième vol, Mariner-10 a, le 21 septembre 1974, photographié ces régions australes de Mercure depuis 85 800 km. Le pôle Sud se situe à l'intérieur du cratère Chao Meng-Fu (1), sur le limbe, à la partie supérieure de l'image, celle-ci montrant les cratères Bernini (2), Van Gogh (3), Cervantes (4), Jopas (5), Ictinus (6), Marti (7), Dickens (8), Keats (9). A leur gauche on remarque, dans la partie inférieure du cliché, une émanation de raies brillantes.*

# MERCURE / Des cratères par milliers

Le minuscule cratère Hun-Kal (1) est désigné par une flèche sous un cratère très jeune (mesurant, celui-là, 12 km) au centre de l'image. Les cratères Al-Janiz (2) et Lu Hsun (3) sont visibles dans la partie gauche. C'est depuis 20 700 km seulement que cette image couvrant 130 km × 170 km au niveau de l'équateur a été recueillie, une demi-heure seulement avant le passage de Mariner-10 à sa distance minimale de Mercure le 29 mars 1974.

Nous découvrons en gros plan la région australe de Mercure, observée par Mariner-10, le 21 septembre 1974, depuis 55 000 km. Une flèche (S) indique à gauche la direction du pôle Sud. Nous retrouvons Van Gogh (1) et Cervantès (2), dont sous cet angle la structure en bassin à double arène nous est révélée. Non moins remarquable est le nouvel aspect sous lequel Bernini (3) se présente à la limite gauche du cliché.

Et c'est une fantastique somme d'informations qui a pu être glanée ; d'un état d'ignorance quasi total, elle nous a permis de passer à un certain niveau de connaissance.

Cette sonde se nomme Mariner-10. Une fusée Atlas Centaur l'a, depuis Cap Canaveral, d'abord lancée le 3 novembre 1973 en direction de Vénus afin qu'en survolant la planète voisine elle obtienne à bon compte le surcroît d'énergie nécessaire pour atteindre Mercure, à 756 km de laquelle elle passe le 29 mars 1974, recueillant 2 363 photographies. Ainsi les astronomes contemplent-ils enfin Mercure, par Mariner-10 interposé.

Leur surprise est grande de voir un sol couvert de cratères qu'ils conviendront d'appeler Raphaël, Bach, Chopin, Rabelais... Les formations mercuriennes recevront, d'une manière générale, des noms d'écrivains ou d'artistes. Echappe à cette règle, outre Kuiper, un minuscule cratère visiblement jeune, par lequel les astronomes admettent que passera le 20ᵉ méridien d'une cartographie précise : le méridien zéro (défini à partir des positions de la planète en 1950) se trouve alors en effet dans la nuit. A ce cratère, guide du 20ᵉ méridien, est donné le nom de Hun Kal, signifiant « une vingtaine » dans la langue des Mayas qui avaient adopté un système de numérotation à base 20.

L'origine de ces cratères ? Ils ont été créés par des impacts d'astéroïdes au cours des temps cosmiques dans des conditions que révèle leur aspect. Petits, ces cratères mercuriens ressemblent à des trous d'obus. Ils présentent un fond plat, dû à des roches liquéfiées, dès que leur diamètre est supérieur à 10 km. Et si celui-ci dépasse 20 km, on leur découvre un piton central né d'un jaillissement de ces roches, ce piton devenant un anneau dans les cratères de grande taille.

Ils content tout à la fois l'histoire du système solaire — théâtre de violents bombardements dans les 700 millions d'années ayant suivi sa formation — et l'histoire de Mercure.

Multitude de cratères signifie en effet quasi-absence d'activité propre, ou du moins le fait que les cratères couvrent 70 % de la partie connue de Mercure témoigne d'une ancienneté des terrains, ces cratères ayant subsisté parce que aucun processus n'est venu les effacer.

C'est un spectacle dantesque sous un Soleil éclatant, l'astre du jour étant vu là-bas 2,15 à 3,25 fois plus gros que depuis la Terre. Ainsi, il soumet le monde mercurien à une lumière 4,6 à 10,6 fois plus intense, que l'absence d'atmosphère rend créatrice d'incroyables contrastes : sont absolument noires toutes les surfaces plongées dans l'ombre. Et ce monde est chauffé par le Soleil au point d'atteindre, le jour, 450 °C alors que la nuit, faute de coussin thermique — Mercure est tout au plus entourée par une enveloppe gazeuse à base d'hélium un milliard de fois moins dense que notre atmosphère — la température du sol s'abaissera à − 180 °C.

Ce sont jeux de lumière et écarts thermiques pour un monde aujourd'hui mort, mais un monde qui, au temps de son extrême jeunesse, manifesta une activité : alors qu'entre les longitudes 10° et 100° les terrains sont spécifiquement lunaires (à cette seule différence que la gravité mercurienne retient plus fortement les matériaux éjectés), de vastes étendues planes sont observées entre les longitudes 100° et 190°. Ainsi, le destin de la planète peut-il rétrospectivement être vécu.

Lorsque Mercure naît, il y a 4,5 milliards d'années, à partir de silicates riches en métaux lourds, ses roches sont largement exemptes d'eau. En revanche, elles recèlent des corps radioactifs qui, assez vite, portent à haute température l'intérieur de Mercure. Un volcanisme se développe, mais deux facteurs viennent militer en faveur de sa brièveté relative. C'est d'abord la petite masse de Mercure, de sorte qu'assez rapidement sa chaleur interne se dissipe. C'est ensuite, pour les raisons que nous venons d'indiquer, une certaine rareté, au sein de Mercure, des corps légers susceptibles d'alimenter un processus de dégazage.

Ainsi il y a 3,9 milliards d'années, le volcanisme mercurien est déjà assoupi.

Il reprend dans des conditions très particulières pour un bref sursaut il y a 3,8 milliards d'années, époque à laquelle un astéroïde de grande taille est créateur du grand bassin dénommé Mare Caloris, ou mer de la Chaleur, parce que c'est une des régions chaudes du système solaire (le fait que le jour dure deux ans valant aux sites de Mercure par 0° et 180° deux fois et demie plus de chaleur que ceux se trouvant par 90° ou 270°). Ce bassin dont on présume que le centre (alors dans la nuit) se trouve par 200° mesure rien moins que 1 400 km — plus du quart du diamètre de Mercure — son aspect n'étant pas sans rappeler une formation assez similaire sur la Lune, la mer Orientale.

Le cataclysme dut être gigantesque, si l'on se réfère à l'anomalie de masse que présente Mare Caloris. On présume que, sous l'impact, la croûte fut disloquée, fondue localement : les matériaux encore fluides que recelait Mercure eurent une occasion de s'épancher tandis que se trouvait épuisée la matière première du volcanisme. Toute la planète dut en être ébranlée. Par chance, Mare Caloris étant coupée par le terminateur auroral, la région Petrach aux antipodes est, elle, bien visible par 20° de longitude en deçà du terminateur crépusculaire. Elle montre, avec notamment la vallée Arecibo, des terrains dont la dislocation peut être imputée à la focalisation au point diamétralement opposé de Mare Caloris de l'onde de choc ayant accompagné la formation de ce bassin.

**P**our proposer un modèle de Mercure les scientifiques se réfèrent largement aux terrains lunaires ; ayant subi les mêmes agressions, ceux-ci sont en effet datés grâce aux échantillons sélènes dont nous sommes aujourd'hui détenteurs. Ainsi l'ancienneté d'une région mercurienne est révélée par l'aspect de ses cratères et une considération des régions lunaires dont la physionomie est similaire.

Il se confirme bien que, depuis 3,8 milliards d'années, le bombardement comme l'activité volcanique de Mercure ont été insignifiants, la planète n'ayant guère dû voir son visage changer.

Elle semble toutefois s'être tassée avec le refroidissement de son noyau ferreux. C'est là un cas unique : le rayon de Mercure a pu diminuer de 1 à 2 km. En témoignent les nombreuses rides que l'on peut apercevoir sur la planète : Discovery Rupes, Mirni Rupes, Vostok Rupes... Constituant des « escarpements lobaires », elles s'étendent sur des centaines de kilomètres.

Mariner-10 ne s'est cependant pas contentée d'un seul passage. Suivant les conseils que lui avait prodigués le professeur Guiseppe Colombo, de l'université de Padoue, la NASA a guidé sa sonde de manière à la rejeter, mission

*Ci-dessus une partie du cratère Po-Ya (1) dont le diamètre atteint 61 km est aperçue en bas à gauche : son arène est largement remplie par de magnifiques coulées de lave selon la direction des flèches. C'est Rilke que l'on observe à droite (2) avec, entre ces deux formations, un jeune cratère aux bords tranchants et un piton central dont seule l'extrême pointe émerge de l'ombre.*

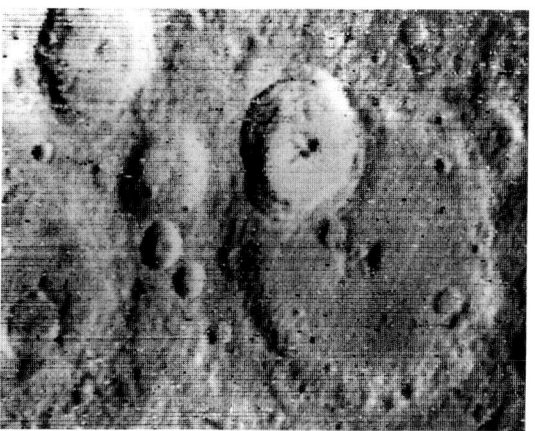

*Ci-contre, depuis 88 450 km, nous voyons ici — coupant l'arène d'un vieux cratère de 80 km — le brillant cratère de 41 km auquel a été donné le nom de Kuiper. Décédé en décembre 1973 alors que Mariner-10 était sur la route de Mercure, Gérard Kuiper apporta en effet une contribution majeure à la connaissance du système solaire. A ce spécialiste des études planétaires, l'astronomie doit, entre autres, la détection d'une atmosphère autour de Titan, la découverte d'un satellite d'Uranus (Miranda), et la découverte d'un satellite de Neptune (Triton).*

*Ci-contre, nous pouvons constater que les cratères à doubles anneaux sont nombreux sur Mercure. Particulièrement caractéristique apparaîtra par 35,5° N et 61,5° de longitude, Chekhov (1), précédemment signalé, dont le diamètre atteint 170 km. Recueillie 100 min avant le passage de Mariner-10 à sa distance minimale de la planète le 21 septembre 1974, cette vue montre par ailleurs, en haut à droite, Wergelant (2).*

# MERCURE / Mare Caloris, un cratère de 1 300 km

*Centrée par 30° N et 190° W (donc au-delà du terminateur auroral lors des survols de Mercure par Mariner-10), Mare Caloris (1) est la plus impressionnante formation découverte sur la planète : nous la voyons bien sur cette mosaïque créée à partir de 18 images recueillies le 29 mars 1974. Le diamètre de ce bassin atteint 1 300 km ; des chaînes montagneuses circulaires (2) parfois hautes de 2 km le bordent. L'impact qui créa Mare Caloris dut ébranler la planète toute entière. On remarque, dans la partie ici visible de l'arène, un sol cassé par de multiples fractures et falaises. A la partie supérieure gauche de l'image, Van Eyck (3) attire l'attention par la quasi-absence de cratères importants dans son arène, indice d'une jeunesse de la formation.*

*Nous sommes ici aux antipodes de Mare Caloris, dans une région où l'on présume que se focalisa l'onde de choc née de la formation du grand bassin, avec pour conséquence un sol particulièrement tourmenté. Du cratère très érodé (80 km de diamètre) visible sur cette image (1), émane la vallée Arecibo (2) large de 7 km et longue de quelque 100 km en direction du cratère Petrach discernable en bas à droite (3). C'est depuis un éloignement de 35 000 km qu'a été, le 29 mars, pris ce cliché couvrant 220 km × 290 km.*

accomplie, sur une orbite solaire décrite en 176 jours, temps de deux années mercuriennes. Ainsi, le 21 septembre 1973 la planète et Mariner ont un nouveau rendez-vous, avec toutefois un programme différent.

Le même hémisphère est éclairé avec toujours un terminateur crépusculaire par 10° de longitude et un terminateur auroral par 190°, mais un passage à plus grande distance — 48 069 km, à l'aplomb d'un point par 100° de longitude et 40° de latitude sud — donne un recul autorisant une meilleure découverte des parties australes. Lors de ce second survol des vues stéréographiques de la région polaire sont recueillies, les températures sont mesurées.

Ce n'est pas tout. Replacée sur une orbite 46/138 millions de kilomètres, Mariner-10 peut réitérer. A nouveau 176 jours s'écoulent et, le 14 mars 1974, l'engin revient encore près de Mercure — pour la dernière fois, car alors ses réserves de gaz stabilisateur auront été épuisées — à une distance que les scientifiques choisissent très faible : priorité est donnée à une étude du champ magnétique de Mercure, dont l'intensité (200 gammas) a surpris.

Le doute doit être levé. Très proche du Soleil, Mercure reçoit un vent solaire intense, de sorte que les instruments de Mariner-10 pourraient avoir mesuré non le champ magnétique de Mercure, mais une perturbation du vent solaire par la planète. Lors de ce troisième survol, Mariner-10 passe à 327 km de Mercure seulement : la persistance d'un champ intense situe son origine dans la planète elle-même.

Comment expliquer ce champ beaucoup plus important que ne l'aurait voulu « l'effet dynamo » par lequel le physicien explique le champ magnétique d'un astre par le mouvement de ses charges internes ? Aucune théorie ne s'avérera satisfaisante pour rendre compte du magnétisme des différentes planètes, comme si chacune constituait un cas d'espèce.

La comparaison des ombres portées par une même formation lors des survols 1 et 3 a donné une estimation particulièrement précise de la rotation mercurienne : elle s'effectue en 58,644 jours.

*Recueillie depuis 76 000 km, le 21 septembre 1974 à 20 h 19 TU, 80 min avant que Mariner-10 passe par sa distance minimale de la planète, cette image d'une région hautement cratérisée de Mercure nous montre en A un escarpement lobaire typique, haut de 2 km, élément d'un système s'étendant sur des centaines de kilomètres, par contraction du sol.*

*Un beau cratère à fond plat ayant un diamètre voisin de 100 km est visible dans la partie droite de cette image obtenue le 29 mars 1974 depuis 31 000 km. Les nombreux petits cratères et les lignes radiales émanant de la formation ont probablement été dus à des éjections de matériaux comme sur la Lune, à cette différence près que la plus forte gravité de Mercure limita sensiblement le champ des retombées.*

# VENUS

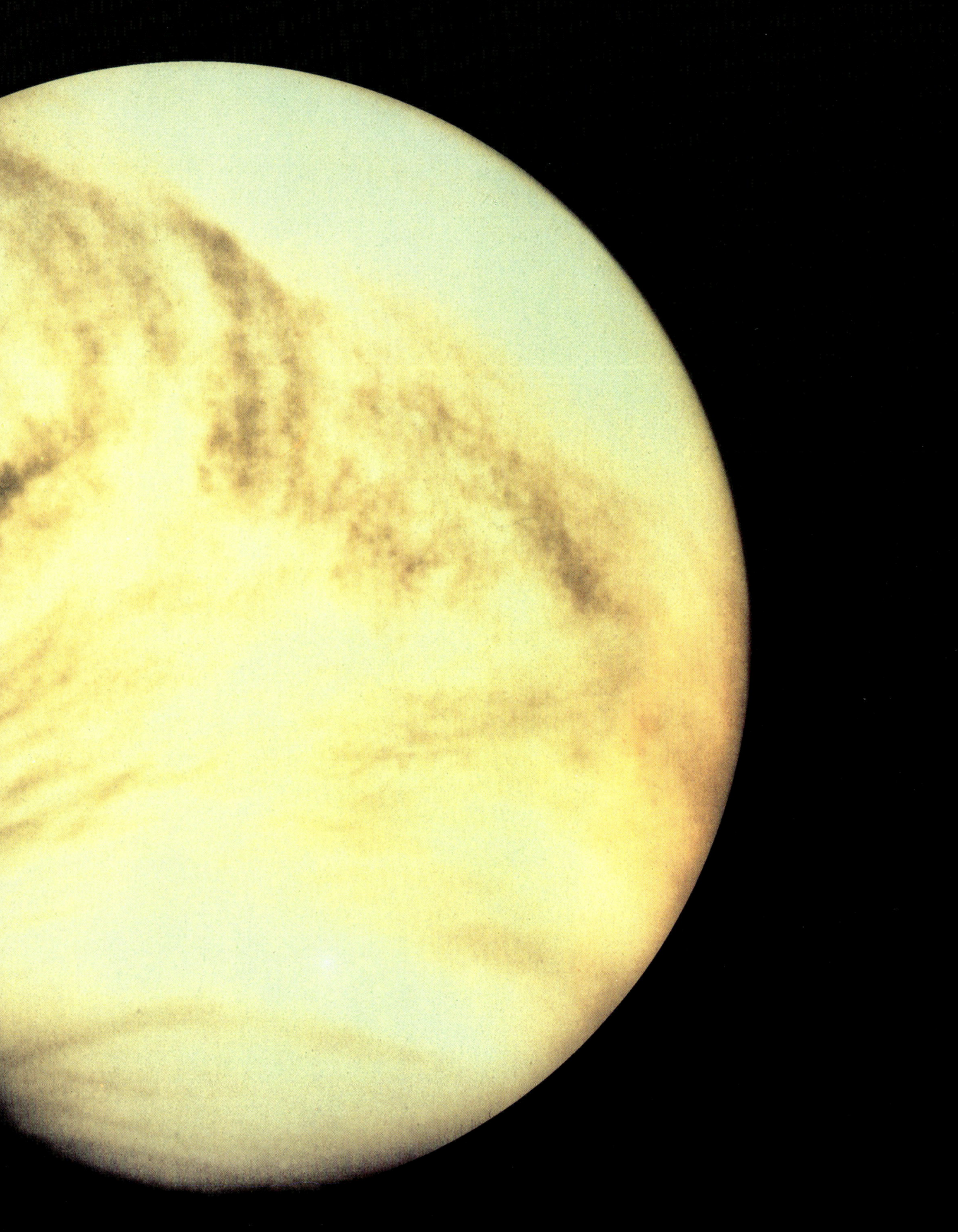

# VENUS / Une planète voilée

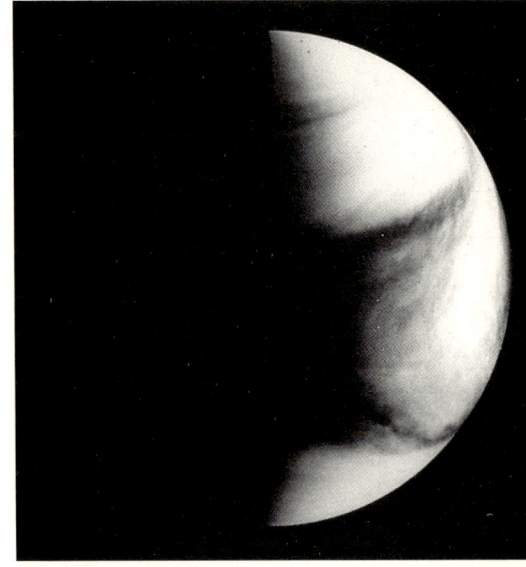

*Pioneer-Venus-1 recueillait cette image le 25 décembre 1978 : l'engin se trouvait alors à 63 000 km de Vénus à l'aplomb d'un point par 23° N. La plage polaire brillante que l'on voit s'étendre jusqu'au 50ᵉ parallèle nord est due aux basses températures de l'anneau boréal froid. Le Y observable au niveau de l'équateur est présumé créé par des concentrations sulfureuses.*

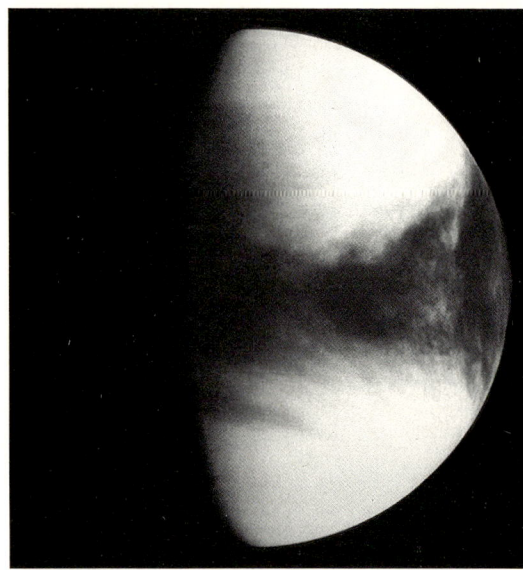

*Le 30 décembre 1978, alors à 43 000 km de Vénus, la sonde américaine est au-dessus d'un point cette fois par 5° N seulement de sorte que les deux hémisphères sont vus à peu près de la même manière. Toujours, les régions polaires brillent sensiblement plus que les régions équatoriales.*

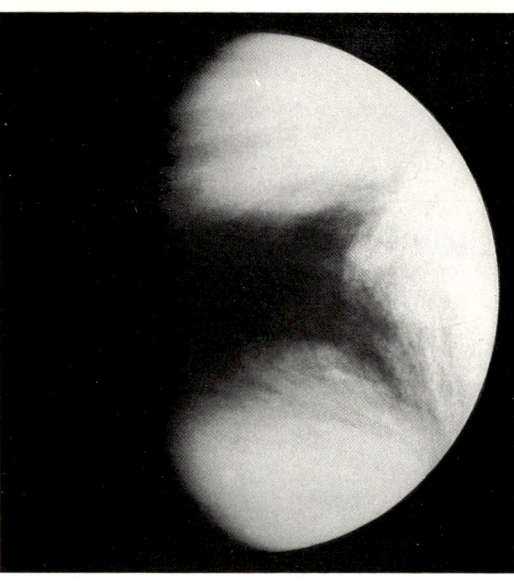

*Le 10 janvier 1979 depuis 48 000 km, on revoit particulièrement bien la formation en Y dont le suivi confirme la rotation en 4 jours de l'atmosphère vénusienne supérieure.*

Plus encore que par Mercure, les scientifiques sont à l'ère spatiale étonnés par l'éclatante Vénus dont le nom évoque la déesse des amours. Longtemps, de notre planète voisine, cette image d'Epinal a été pieusement conservée : une Terre en mieux. N'a-t-elle pas sa taille à 5 % près et ne reçoit-elle pas sous de moyennes latitudes le flux solaire dont la Terre est gratifiée dans ses régions équatoriales ? Ainsi voyait-on en Vénus une sœur jumelle à laquelle aurait été offerte une maison un peu plus chaude.

Une sœur dont l'évolution aurait été plus lente. Dans la première moitié du XXᵉ siècle, on rêve encore du voyage dans le temps qui ferait trouver sur Vénus une réplique de la Terre à l'ère primaire. L'imagination se donne libre cours alors que les télescopes ne peuvent découvrir la planète au regard dérobée par une atmosphère épaisse au point de ne même pas permettre que sa rotation soit observée. On enseigne que, comme Mercure, Vénus présente la même face au Soleil, effectuant un tour sur elle-même dans le temps — 225 jours — de sa révolution autour du Soleil.

La perspicacité d'un astronome amateur, Charles Boyer, est nécessaire pour, en 1961, repérer des formations dont le mouvement révèle une rotation de l'atmosphère vénusienne en 4 jours. Mais la planète elle-même, apprendront les sondages au radar, tourne en 243 jours dans le sens rétrograde de sorte que le jour vénusien dure 116 jours.

Les surprises, cependant, ne font que commencer. Les radioastronomes ont soupçonné la basse atmosphère vénusienne d'être très chaude. Confirmation en est donnée par les sondes. Le 14 décembre 1962, Mariner-2 passe à 34 760 km de Vénus, mesurant des températures très élevées aussi bien dans la partie éclairée de la planète que dans son hémisphère plongé dans la nuit. Là-bas, ce n'est pas Cythère : c'est l'enfer.

Et les indices vont s'accumuler pour accréditer la thèse d'une atmosphère beaucoup plus dense que tout ce que l'on pensait, une atmosphère à grande inertie thermique et de surcroît génératrice d'un puissant effet de serre car laissant pénétrer la lumière du Soleil alors qu'en sens inverse le rayonnement infrarouge du sol est piégé.

Comment étudier cette atmosphère vénusienne ? Le mieux consiste à faire arriver des sondes sur la planète. Tel est l'objectif que se fixent les Soviétiques. Il sera atteint par étapes. Dans un premier temps, le matériel est conçu pour supporter 25 bars (quelque 25 fois notre pression atmosphérique) : c'est apparemment confortable car l'astronomie conventionnelle tablait sur 5 bars à la surface de Vénus. Las, en 1966, Venera-3 cesse d'émettre avant d'avoir atteint le sol. De nouveaux équipements permettent en 1967 à un Venera-4 de supporter

Le 6 février 1974, Mariner-10 avait ainsi vu Vénus depuis 720 000 km. A l'époque déjà — en même temps qu'était corroboré le modèle atmosphérique d'Hadley impliquant un courant atmosphérique équatorial et la divergence de filets vers les pôles — les scientifiques avaient été instruits de la dynamique de l'atmosphère vénusienne, ils avaient par ailleurs découvert le vif éclat des régions polaires, conséquence d'une grande ampleur des mouvements tourbillonnaires dans les zones de haute latitude. Les observations de longue durée effectuées par Pioneer-Venus-1 confirmeront la pérennité de ce modèle : l'atmosphère vénusienne a une structure de type cellulaire en raison de mouvements de convexion entretenus à l'altitude du sommet des nuages, aux environs de 70 km.

100 bars mais cette fois c'est par la chaleur que l'engin est condamné au mutisme lors d'une descente trop lente dans une atmosphère dont il peut au moins nous dire qu'elle renferme environ 96 % de dioxyde de carbone. Avec des parachutes plus petits, la surface de Vénus est enfin atteinte en 1970 par un engin électroniquement actif, Venera-7.

Ce sol, les scientifiques comprennent qu'ils doivent le situer à 67 km en dessous de la couche supérieure des nuages au lieu des 35 km estimés.

Par la suite, des mesures systématiques sont effectuées par des Venera de seconde génération. Les données, remarquablement concordantes, font admettre sur Vénus une température de 470 °C et quelque 90 bars, soit la pression qui règne dans nos océans par 900 m de fond, l'atmosphère vénusienne devant être regardée comme une mer de plomb fondu.

Avec des engins fortement protégés, la photographie du sol vénusien peut toutefois intervenir à partir de Venera-9. Les images feront voir des déserts rocailleux avec des pierres aux arêtes parfois très anguleuses, comme si elles étaient nées d'une activité tectonique récente. En dépit de son épaisseur, l'atmosphère vénusienne laisse passer assez de lumière pour que des clichés soient obtenus sans éclairage artificiel, la radiation bleue étant cependant absorbée en totalité. Les terrains apparaissent couleur de rouille en raison, imagine-t-on, d'un fer abondant. Ils sont tourmentés autant que brûlants sous une atmosphère rougeâtre collée littéralement au sol par sa partie inférieure, la vitesse des vents étant très faible en dessous de 5 km et singulièrement de 1 km. Mais cette vitesse croît avec l'altitude ; et au-delà de 50 km, l'atmosphère aura pris son autonomie complète, se mouvant à la vitesse que lui imprime la grande machine thermique par elle animée.

Le succès de Mariner-2 a été suivi par trois

# VENUS / 470 °C au sol

*Ainsi apparut le sol vénusien aux caméras des sondes Venera-9 (en haut) et Venera-10 (en bas).*

*Venera-9 s'est posée, le 22 octobre 1975, par 31,7° N et 98° de longitude sur les flans de Rhéa Mons à quelque 1 600 m d'altitude (85 bars, 480 °C). Le sol est rocailleux, incliné à 20° environ. Le paysage apparaît jeune avec un relief marqué et des pierres aux arêtes vives, leur dimension variant entre 15 cm et 70 cm. L'une d'elles a bloqué malencontreusement le dispositif d'étude du sol.*

*Et c'est sur les flancs de Theia Mons à 1 700 m d'altitude que Venera-10 arrivait trois jours plus tard à peu près sur le même méridien (92 bars, 465 °C). Le sol se révélait quasiment sans relief avec tout au plus des îlots rocheux sombres. Marqué par des éboulis, le terrain est vieux.*

*Les images ont été obtenues avec un balayage vertical : devant la caméra, un miroir était couplé à un système mécanique qui assurait son oscillation de bas en haut avec une amplitude de 20° de sorte qu'en hauteur le champ représentait 40° avec 115 points par ligne : 514 lignes créaient un panorama de 180°.*

*Pendant toute la durée de la descente, les sondes n'ont cessé de transmettre des informations. Elles ont révélé, au-dessus de 50 km, un entraînement quasi total des masses gazeuses par la haute atmosphère. A 50 km, 45 °C et 0,73 bar ont été mesurés. Entre 40 et 20 km, une couche intermédiaire a une vitesse quelque trois fois plus faible, l'atmosphère devant en dessous de 10 km être considérée comme collée au sol.*

autres opérations vénusiennes américaines ; elles ont constitué autant de réussites, avec d'abord deux autres survols. Le 19 octobre 1967, Mariner-5 a croisé Vénus à 4 094 km. Le 5 février 1973, Mariner-10 passe à 5 808 km de la planète pour gagner Mercure tout en étudiant à l'occasion l'atmosphère vénusienne ; une semaine durant celle-ci est observée à travers deux télescopes ayant une focale de 1 500 mm. Le film montre clairement sa rotation propre en 4 jours avec un courant équatorial et des filets divergeant vers les pôles selon le modèle qu'avait autrefois proposé le physicien anglais John Hadley, auteur d'une théorie météorologique universelle, un modèle qui s'est avéré faux pour la Terre, masqué par de nombreux effets secondaires. Sur Vénus, en revanche, il apparaît dans toute sa pureté.

La dernière expérience vénusienne américaine est complexe avec, en 1978, un double lancement. Un Pioneer-Venus-1 va se satelliser autour de Vénus sur une orbite de 24 heures (c'est initialement une orbite 260/66 900 km) pour répercuter vers la Terre les signaux des quatre objets (un bus et trois sondes dites nord, jour et nuit) dont est formé Pioneer-Venus-2 ; ils entrent dans l'atmosphère vénusienne le 9 décembre 1978. Ensuite, Pioneer-Venus-1 photographiera systématiquement l'atmosphère de Vénus dont, en outre, il sondera le sol au radar.

Ainsi la planète est cartographiée. Des noms sont donnés à ses formations. Essentiellement, selon la règle adoptée par les astronomes pour spécialiser les nomenclatures, ce seront des noms de femmes. Les indications de Pioneer-Venus-1 viennent compléter des opérations radarastronomiques conduites depuis la Terre à partir des radiotélescopes d'Arecibo et de Goldstone.

On découvre ainsi deux grandes terres hautes : Aphrodita et Ishtar. Transposées sur le globe terrestre, la première serait, au niveau de l'équateur, longue de quelque 12 000 km depuis le nord de Madagascar jusqu'au sud d'Hawaii, tandis que dans Ishtar — où se trouve, dans les monts Maxwell, le point culminant de Vénus (11 700 m) — on devrait voir un Groenland élargi au point de s'étendre des Montagnes Rocheuses à l'Oural. Deux petites Terres hautes dites Beta et Alpha trouveraient place respectivement dans l'Atlantique et au Zaïre tout le reste de la planète offrant l'aspect d'un monde accidenté mais relativement plat puisque, sur près des deux tiers de sa surface, Vénus est une sphère ayant 6 051,4 km de rayon à 0,5 km près.

D'autre part, dès sa satellisation, Pioneer-Venus-1 a décelé dans les couches supérieures de l'atmosphère vénusienne, au-dessus de 70 km, une épaisse brume à base de dioxyde de soufre et d'acide sulfurique, véritable chape de nature à accentuer encore l'effet de serre dont l'atmosphère est génératrice.

Cependant les instruments de Pioneer-Venus-1 apprennent qu'année après année cette brume va en s'estompant : elle est, en 1983, devenue 50 fois moins dense qu'en 1978, année où le taux de dioxyde de soufre dans l'atmosphère vénusienne avait atteint 0,1 millionième. Pour en rendre compte, le Dr Larry Exposito de l'université du Colorado ne voit qu'une explication : une fantastique éruption volcanique aurait eu lieu sur Vénus en 1978. Il est en effet bien connu que les volcans terrestres enrichissent pareillement l'atmosphère de notre planète en dioxyde de soufre. Au lendemain de l'éruption du mont Saint-Helens en 1980, le taux de dioxyde de soufre dans l'atmosphère locale n'avait-il pas été multiplié par 2000 ? Les arguments en faveur d'un volcanisme sur Vénus étaient déjà nombreux, avec notamment l'observation de lueurs comparables à celles qui, sur la Terre, accompagnent une activité volcanique. Ce volcanisme de Vénus serait quasi permanent, un accroissement du taux de dioxyde de soufre autour de la planète ayant déjà été enregistré peu après 1950. Selon le Dr Exposito, l'éruption de 1978 aurait mis en œuvre une énergie très supérieure à celle de n'importe quel volcan terrestre depuis un siècle, l'éruption mexicaine du El Chichan en 1983 n'ayant même pas créé la dixième partie du dioxyde de soufre injecté en 1978 dans l'atmosphère vénusienne.

Les cartes topographiques créées à partir des données radar de Pioneer-Venus-2 montrent au demeurant que dans Beta Regio comme dans Atla Regio — dans la queue du Scorpion de Aphrodita Terra — les montagnes ressemblent à des volcans aussi bien par leur taille que par leur forme.

Une considération doit enfin être prise en compte. A partir des irrégularités présentées par l'orbite de Pioneer-Venus-1, une carte gravifique de Vénus a pu être produite : or elle révèle la présence sur Beta et Atla d'un matériau différent de celui dont sont faits les terrains avoisinants, un matériau qui semble provenir de l'intérieur de Vénus.

Le Dr Harold Masursky de l'US Geological Survey, de Flagstaff, corrobore ce point de vue : Beta et Atla seraient les deux régions de Vénus où, naguère, le volcanisme a été le plus actif. Sur Beta Regio les radars terrestres ont même découvert des radiations brillantes. Dans ces régions, il faudrait voir deux énormes boucliers dont la longueur — quelque 2 400 km — dépasse la chaîne de tous les volcans hawaiiens, au-dessus d'une zone d'intense convection de matériaux en provenance du magma vénusien. Cette province volcanique pourrait être la plus active de tout le système solaire, dépassant en puissance l'impressionnant volcan martien Olympus Mons. Une analyse des clichés radar obtenus depuis la Terre conduit en outre à voir dans Maxwell un ancien volcan, même si, à la différence de Beta et Atla, il ne manifeste aucun signe d'activité.

On en apprend un peu plus encore en 1983 : cette année-là, ce sont deux engins russes — Venera-15 et 16, dotés de radars à haut pouvoir résolvant — qui sont mis en orbite autour de Vénus. Ils montrent que le relief des Terres Hautes est plissé avec des chaînes montagneuses parallèles, dont un versant est escarpé tandis que l'autre présente une pente douce comme si,

*Ci-dessous, figurent quatre images transmises respectivement par Venera-13 (image noir et blanc et image en couleurs supérieures) et par Venera-14 (images inférieures, la vue noir et blanc faisant observer le bras du palpeur intempestivement arrêté par la caméra).*

*Venera-13 s'est posé le 1er mars 1982 par 7,5 °S et 304° de longitude dans Phoebé Regio : le sol apparaît assez lisse — sa structure étant imputée à la constitution d'une écorce par accumulation de grains — avec des pierres de toutes les tailles, certaines, grandes et plates, paraissant nées d'une lave qui se serait refroidie à une époque assez récente. L'objet visible au milieu de l'image n'est autre que le capot éjecté de la caméra.*

*Et c'est par 13,7 °S et 313° de longitude que Venera-14 s'est posé le 5 mars 1982. Sa caméra a montré un sol très étonnant en raison d'un nombre considérable de grandes pierres plates qui vont jusqu'à recouvrir le sol sur lequel elles constituent des couches différenciées, l'âge de ces dalles étant estimé à quelque 10 millions d'années.*

# VENUS / Peut-être les plus puissants volcans du système solaire

*Tel se présente le planisphère de Vénus, créé d'abord au prix de sondages radar depuis la Terre avant d'être enrichi par Pioneer-Venus-1 et Venera, en attendant de l'être demain par Magellan. On crut naguère que, lors de ses rapprochements, la planète présentait toujours à la Terre le méridien 0°. Le temps (dit révolution synodique) séparant deux conjonctions inférieures de Vénus — 583,92 jours — était en effet considéré égal à 5 jours de la planète, comme si la Terre avait calé la rotation de Vénus. En réalité, Vénus effectue sa rotation en 243,01 jours et non en 243,16 jours, de sorte que le jour vénusien dure 116,75 jours. Cinq fois cette valeur représentent 583,75 jours, d'une conjonction à la suivante, le méridien en regard de la Terre se trouve déplacé de 0,5°.*

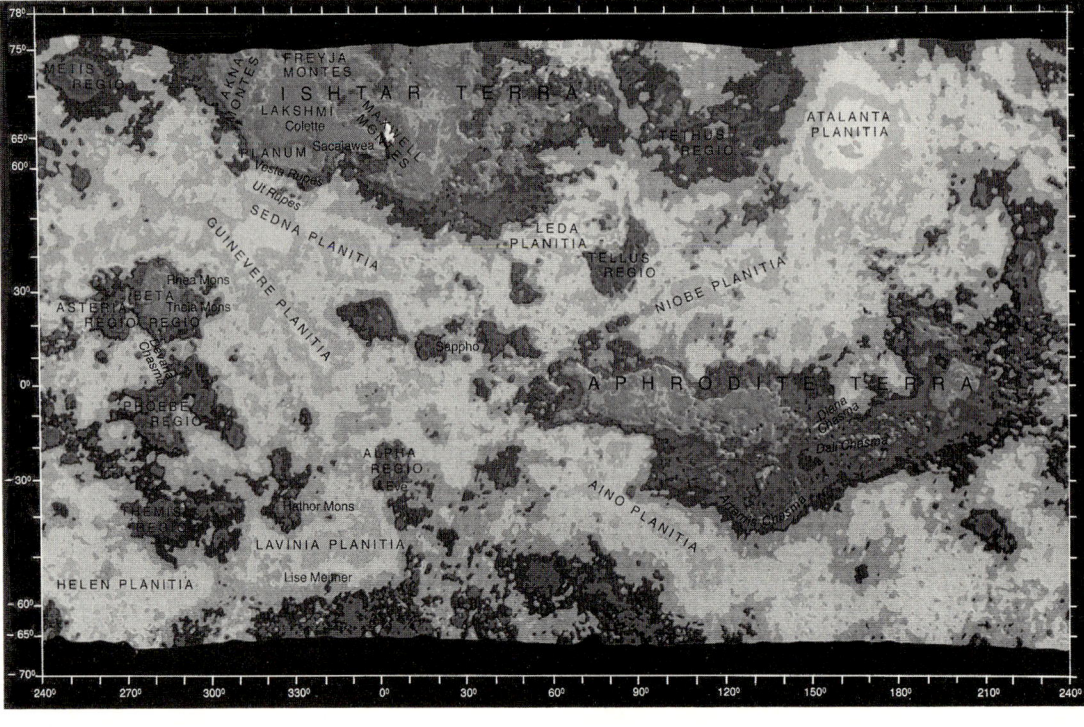

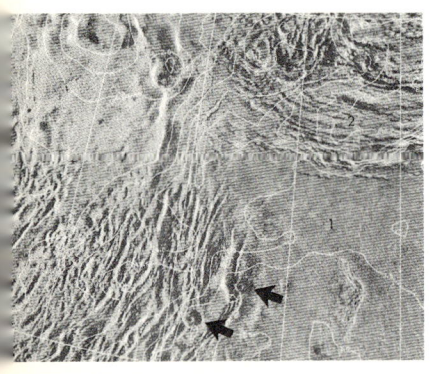

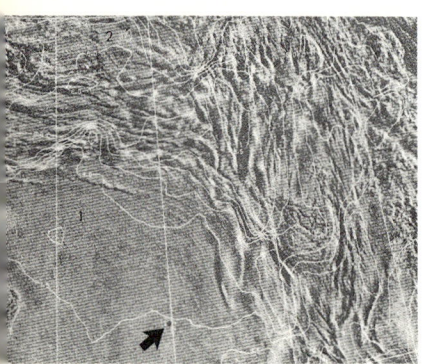

*Créées par les ordinateurs de l'Académie des Sciences d'URSS à partir des données radar transmises par les Venera-15 et 16, ces images montrent pour la première fois le plateau Lakshmi (1) et les monts Freyja (2) tels qu'ils seraient découverts depuis une orbite si l'atmosphère vénusienne était transparente. On voit, désignés par des flèches, des cratères d'impact, l'un d'eux présentant un piton central. Le cliché du bas est le prolongement droit de celui du haut.*

parallèlement à une élévation, les terrains avaient accusé une dérive. Au cœur du continent Ishtar — qu'entourent de telles chaînes — le plateau Lakshmi serait ainsi né d'un déplacement de l'écorce vénusienne.

Surtout, un peu partout, ces Venera-15 et 16 font découvrir des structures annulaires dont le diamètre atteint 500 km, les scientifiques acquérant la conviction que leur origine est interne : elles doivent être imputées non à des impacts météoritiques, mais à une activité spécifique de Vénus. Souvent, les arènes apparaissent recouvertes de boues plus récentes, les analogies étant grandes avec certains bassins terrestres.

Mais comment comprendre la présence sur la planète voisine de volcans aussi impressionnants ? A la différence de la croûte terrestre, constituée par une collection de plaques continuellement en mouvement, de sorte que des matériaux provenant du centre de la Terre par des cheminées sont le plus souvent conduits à les percer en des points qui changent selon les époques, l'écorce vénusienne paraît faite d'un seul bloc. Ainsi l'activité volcanique s'exerce-t-elle toujours sur les mêmes points un peu à l'instar de ce qui s'est passé sur la Terre avec la chaîne hawaïenne.

Enfin une moisson de données d'un type particulier est collectée par deux autres engins russes, les Vega-1 et Vega-2, Vega étant la contraction de Venera-Galley (Halley en russe). Sur la route de la comète, ces engins larguent dans l'atmosphère vénusienne, les 10 et 16 juin 1985, des compartiments d'atterrissage dont, à 53 km du sol, des ballons ayant 3,6 m de diamètre se détachent. Ils remontent à 55 km pour suivre, écoutés par les radiotélescopes terrestres, le chemin que leur imposent les vents vénusiens. Ainsi les caprices de ces derniers sont révélés. Les scientifiques peuvent constater tout à la fois une extrême versatilité de l'atmosphère vénusienne et l'existence, dans cette atmosphère, de courants ascendants. Quant aux compartiments d'atterrissage, ils se posent sur Vénus dans la partie occidentale de Terra Aphrodita, quasiment aux antipodes de la région — proche de Beta — qu'avaient explorée les Venera-8, 9, 10, 13, 14. Ces Vega arrivent en pleine nuit. De ce fait, ils ne prennent pas de photographie. Ils procèdent toutefois à des mesures ; 405 °C et 97 bars sont enregistrés sur le site Vega-1, dont l'altitude est estimée à 1 500 m, contre 456 °C et 90 bars sur le site Vega-2, à 2 600 m au-dessus du niveau moyen de Vénus. En outre, sur ce site Vega-2, la roche vénusienne peut, pour la première fois, être analysée grâce à une technique de radioactivation consistant à irradier un échantillon de sol par du plutonium et par du radiofer pour observer le rayonnement gamma dont, alors, il devient émetteur. Préalablement, les Venera-8, 9, 10 avaient collecté des données spectrométriques ; et appel avait été fait à la radiofluorescence avec les Venera-13 et 14.

Ainsi, est-on instruit de la nature des roches vénusiennes, apparemment très variées. Elles s'étaient révélées basaltiques sur les sites Venera-8 et Venera-13. Très importante est la détection par Vega-2 de roches de type anorthosite-troctolite (à base de silicium, d'aluminium et de calcium avec de petites quantités de fer et de magnésium), cette découverte prenant tout son intérêt si l'on note que la croûte lunaire

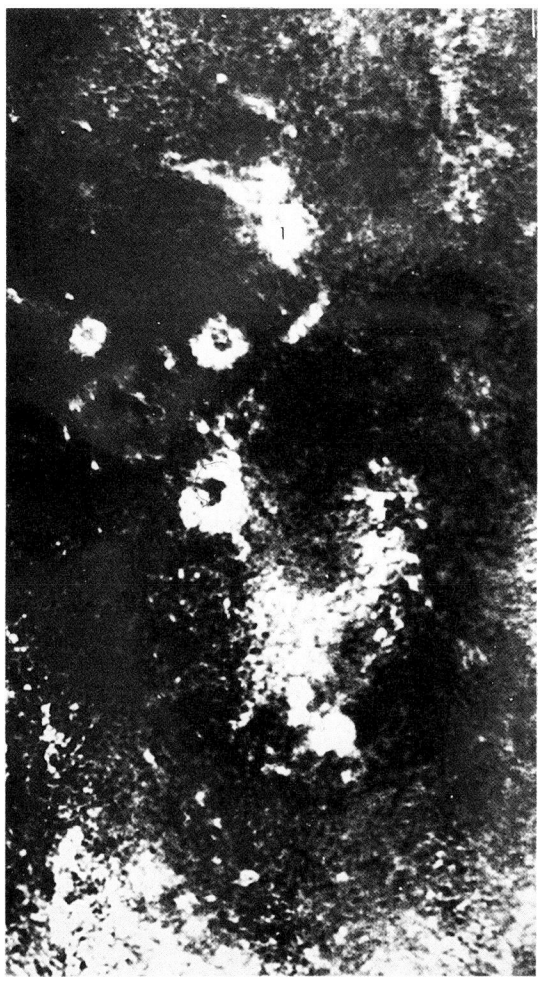

ancienne, épaisse de 10 km, est elle-même faite d'anorthosite, à l'instar de la croûte martienne. C'est la mise en évidence d'un tronc commun à trois mondes telluriques avec la présomption que la croûte terrestre fut elle-même à base d'anorthosite : Vénus occuperait une place intermédiaire entre la Terre et la Lune.

Sur le site Vega-2, par 181,5° de longitude et 6,27° de latitude sud, le terrain vénusien s'est révélé constitué pour 92 % par oxygène, silicium, aluminium, magnésium, fer, calcium, soufre, les scientifiques étant frappés tout à la fois par la rareté de métaux tels que le titane ou le potassium et finalement par une grande ressemblance entre roches vénusiennes et gabroïdes terrestres constitutrices de basaltes.

Pas la moindre trace d'eau. Dans l'atmosphère, la proportion de vapeur d'eau est inférieure à 0,02 % tandis que sur Vénus les terrains apparaissent désespérément secs. Le furent-ils toujours ? Oui, dit une école aux yeux de laquelle, lors de sa formation, Vénus se serait trouvée logée à la même enseigne que Mercure, ces mondes étant nés trop près du Soleil pour avoir pu bénéficier de roches rétentrices d'eau en quantités appréciables.

Mais d'autres scientifiques ont une opinion opposée, arguant de cette découverte à l'actif du détecteur de deutérium monté sur Pioneer-Venus-1 : 300 fois plus d'hydrogène lourd autour de Vénus qu'autour de la Terre. Si l'on voit dans cet hydrogène lourd le reliquat de grandes masses d'eau aujourd'hui disparues, il faut admettre qu'un milliard d'années durant un océan recouvrit Vénus. La planète aurait alors connu une évolution de type terrestre à une époque où un Soleil moins chaud lui valait nos climats d'aujourd'hui : avec le temps, cette eau se serait cependant entièrement évaporée et — telle la casserole sur le feu dont la température monte en flèche lorsque son eau a disparu — Vénus aurait évolué jusqu'à prendre son actuel visage de post-vie...

*Successivement, les radartélescopes peuvent mesurer la distance Terre-Vénus à quelques centaines de mètres près, très bien apprécier la rotation de Vénus, cartographier la planète. Nous voyons ci-dessus une carte créée par le grand instrument d'Arecibo (305 m de diamètre) utilisé en émetteur, sous 12,2 cm de longueur d'onde avec une puissance de 400 kW. A gauche de cette carte, un gros plan montre Maxwell Montes (1) une région à laquelle sa haute réflectivité vaut d'apparaître blanche.*

# LA TERRE

# et la Lune

# LA TERRE / Fait unique : de l'eau à l'état liquide

*La Terre vue de l'espace ? Elle est belle autant que changeante, avec le dessin sans cesse renouvelé de ses nuages, la richesse de ses teintes, dominées par l'ocre des déserts et le bleu de l'atmosphère. Et multiples sont les aspects sous lesquels, avec le recul de l'espace, vous observerez votre planète. Ce cliché vous montre l'Europe et l'Afrique : la dynamique du Vieux Continent est révélée. Vous placez-vous en orbite géostationnaire ? Vous contemplerez toujours le même hémisphère successivement éclairé et plongé dans la nuit. Effectuez-vous vos observations depuis le domaine lunaire ? C'est en 24 h 50 (temps réglant le régime des marées) que vous verrez tourner sur elle-même la Terre sur laquelle l'œuvre des hommes paraît presque entièrement absente. A grande distance, vous n'en discernez plus en effet qu'une seule : la Muraille de Chine.*

*Recueillie le 5 décembre 1983 à 9 h TU par la caméra métrique du Spacelab, cette photographie du sud de la France est révélatrice tout à la fois de la richesse de synthèse et du haut pouvoir résolvant qu'offre le cliché spatial. On voit Marseille avec le Vieux Port et la Joliette (1), l'étang de Berre que traverse un courant de pollution et dans lequel s'avance la piste de l'aéroport de Marignane (2). Au-dessus, Fos-sur-Mer fait voir ses darses, sa zone industrielle, le port pétrolier de Lavera. On découvre Aix-en-Provence (3), Avignon (4), Nîmes (5), Montpellier (6), Sète et l'étang de Thau (7), Agde (8), le delta du Rhône avec son panache d'alluvions (9).*

**V**olontiers, l'homme considère que ce monde n° 3 du système solaire lui est familier. Ne fut-il pas son berceau, l'atmosphère de la Terre primitive ayant enfanté son corps tandis que l'océan devenait son sang ?

En fait, c'est en aveugle que, longtemps, il doit se contenter de cadastrer sa planète, telle la fourmi qui, pour vous connaître, apprécierait la taille de votre bouche ou le relief de votre nez.

Les premiers êtres humains à découvrir la Terre sont Frank Borman, James Lovell, Williams Anders, occupants de la cabine Apollo-8 qui, le 21 décembre 1968, bondit vers la Lune : très émus, ces astronautes voient devenir de plus en plus petit un globe qu'ils trouvent fort beau avec la magnifique teinte bleue que le Soleil confère à son atmosphère et la grande abondance de son eau liquide. A elles seules, les mers de la Terre contiennent 1,37 milliard de kilomètres cubes d'eau.

De surcroît, elles donnent lieu à un cycle

La Californie est actuellement en train de se détacher du reste de l'Amérique, glissant vers le nord-ouest, non sans quelques convulsions, à la vitesse moyenne de 5,7 cm/an le long de la faille de San Andreas : cela se voit sur le cliché spatial, ce dernier mémorisant l'histoire de la Terre à une échelle de temps qui se chiffre en millions d'années. Ainsi le premier événement de l'exploration de l'espace aura été une contemplation enfin possible de la Terre dont nous découvrons le passé, les failles, les ressources et les colères. Aussi longtemps qu'ils étaient restés sur leur planète, les hommes n'avaient eu d'autre ressource que de la cadastrer en aveugles, ignorant sa vie et son visage.

C'est le 7 octobre 1968 que les astronautes d'Apollo-7 photographiaient ce cyclone Gladys avec ses impressionnants cumulus en spirale sur des milliers de kilomètres carrés. Alors la cabine se trouvait à l'aplomb d'un point à l'ouest de Naples. L'œil du cyclone est caché par l'écrasement de la partie supérieure des nuages contre l'air froid de la tropopause à quelque 16 000 m. Près du centre, les vents soufflent à 120 km/h.

impressionnant. Le rayonnement solaire provoque leur évaporation : à ce travail est employé quelque 15 % de son énergie.

Chaque seconde, plusieurs millions de tonnes d'eau s'élèvent ainsi sous forme de vapeur pour aller se condenser en nuages que poussera le vent. A l'ère spatiale, pour la première fois, la dynamique de l'atmosphère terrestre est appréciée, les nuages constituant autant de traceurs. Ils couvrent toujours en moyenne 55 % de la surface de la Terre mais avec un dessin continuellement évolutif. Seules restent presque toujours dégagées l'Afrique et l'Australie dont, vues de l'espace, les régions désertiques offrent une teinte cuivreuse très caractéristique.

Distante à point du Soleil pour avoir pu bénéficier de matériaux riches en eau et assurer à celle-ci l'état liquide, la Terre sut en outre, par sa gravitation, retenir cette eau au prix de pertes tout à fait minimes. Il faut estimer à quelque 20 kg seulement la masse de vapeur d'eau que, chaque seconde, la radiation solaire dissocie à jamais en oxygène et en hydrogène. Depuis 420 millions d'années, le premier de ces éléments n'a cessé d'enrichir l'atmosphère tandis que l'hydrogène, léger, s'évade vers l'espace non sans auparavant entourer la Terre d'un immense cocon, qu'en orbite sélène les astronautes d'Apollo-16 peuvent observer grâce à une caméra ultraviolette.

Ainsi, c'est presque intégralement que l'eau retombe sous la forme d'une pluie génératrice de rivières et de fleuves aux lits changeants pour, en fin de compte, retourner à l'océan et entamer un nouveau cycle après avoir déversé dans la mer des alluvions. Sur le cliché spatial, l'importance de celles-ci se révèle : toute la matière des continents devrait avoir été depuis longtemps engloutie dans la mer, Terre aurait dû devenir Océan en 100 millions d'années, une durée infime en regard de son âge.

D'où vient que les continents aient subsisté ?

# LA TERRE / Une restructuration continue

*Précédant toute la partie de l'Afrique à l'est du Rift, l'Arabie s'est détachée du continent et elle ne cesse de s'en éloigner, le cliché spatial permettant d'extrapoler le mouvement : dans quelque 10 millions d'années, la mer Rouge sera large de 1 000 km et la Méditerranée ne sera plus qu'un golfe de l'Océan Indien. Ce cliché nous montre Djibouti (1) et Aden (2). En bas, à doite, la courbure de la Terre est révélatrice de l'altitude (560 km) depuis laquelle ce cliché a été recueilli, le 14 septembre 1966, par les astronautes de Gemini-11, alors qu'ils effectuaient un bond en altitude sous l'impulsion de la fusée Agena à laquelle leur cabine s'était accouplée.*

*Les volcans dévoilent leur structure depuis l'espace. Nous observons ci-dessus, à gauche, le Rindjani dans l'île indonésienne de Lombok en face de Bali. Et c'est l'Etna et une partie de la Sicile que l'on découvre à droite, la couleur des laves indiquant leur âge.*

Là apparaît le second trait qui caractérise la planète n° 3 du système solaire : une croûte en continuelle restructuration. Seule est solide la partie de la Terre — représentant moins de 1 % de sa masse — qui s'étend entre le sol et une cinquantaine de kilomètres de profondeur. Au-delà, la chaleur devient telle que les matériaux sont pâteux voire liquides.

Cependant, loin d'être faite d'un bloc comme la coquille d'un œuf, cette croûte est constituée de plaques animées de vitesses relatives qui apparaîtront faibles — quelques centimètres par an — de sorte que seul le satellite à laser les mettra en évidence. Mais à l'ère des temps géologiques, les conséquences de cette mouvance ont été gigantesques. La Terre serait méconnaissable pour qui l'aurait vue il y a 200 millions d'années. Alors en effet, tous les continents constituaient, dans la région du pôle sud, le bloc unique appelé Pangée : celui-ci s'est fissuré et ses fragments ont remonté vers le nord en se dispersant. D'une grande faille, l'Atlantique est né, l'Amérique n'ayant cessé de s'éloigner de l'Europe...

Cela se voit depuis l'espace : une contemplation de l'Islande fait découvrir à sec la grande lèvre de l'Atlantique par laquelle jaillissent des matériaux en provenance de l'intérieur de la Terre. Le cliché spatial nous montre en outre la partie de la Californie à l'ouest de San Andreas en train de se détacher du Nouveau Continent : encore un peu de temps et elle sera une île du Pacifique comme, dans l'Atlantique, Madagascar est devenue une île au large de l'Afrique dont l'Arabie s'est elle-même détachée, précédant toute la partie du continent à l'est du Rift. Voici 60 millions d'années, l'Inde était une île de l'océan Indien ; elle percuta la côte sud de l'Asie, alors plate ; de la collision, l'Himalaya naquit avec un grand épanchement de matériaux vers le sud-est asiatique. Nous le voyons depuis l'espace comme si l'événement avait eu lieu hier.

Et nous saisissons le mouvement de la plaque africaine venue à deux reprises casser la plaque européenne en engendrant la Méditerranée et les Alpes dont le recul de l'espace révèle la forme spiralée. Les côtes méditerranéennes permettent de contempler un delta du Nil en régression, alors que les deltas de l'Ebre, du Rhône ou du Pô sont en expansion, car la plaque africaine tend à passer sous la plaque européenne.

Ainsi se dégage l'impression d'une activité intense tendant à effacer les coups du cosmos. Comme les autres mondes, la Terre fut, en effet, au cours des temps cosmiques, bombardée par des astéroïdes de toute taille qui creusèrent d'immenses cratères. Seuls les plus récents sont visibles sur le terrain. Depuis une orbite, vous découvrirez tout au plus les traces de quelques dizaines d'impacts. La Terre représente ainsi la dernière planète à laquelle il convient de s'adresser pour découvrir l'histoire du système solaire. Elle s'est servie des pages sur lesquelles cette histoire était écrite pour y imprimer sa propre épopée, infiniment plus prodigieuse encore, avec pour aboutissement de son agitation, l'être qui, ayant conscience de l'univers, permettra à cet univers de se comprendre à travers lui...

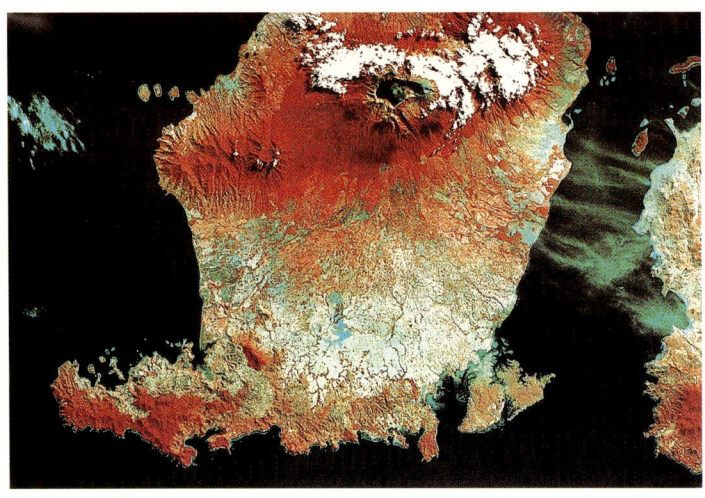

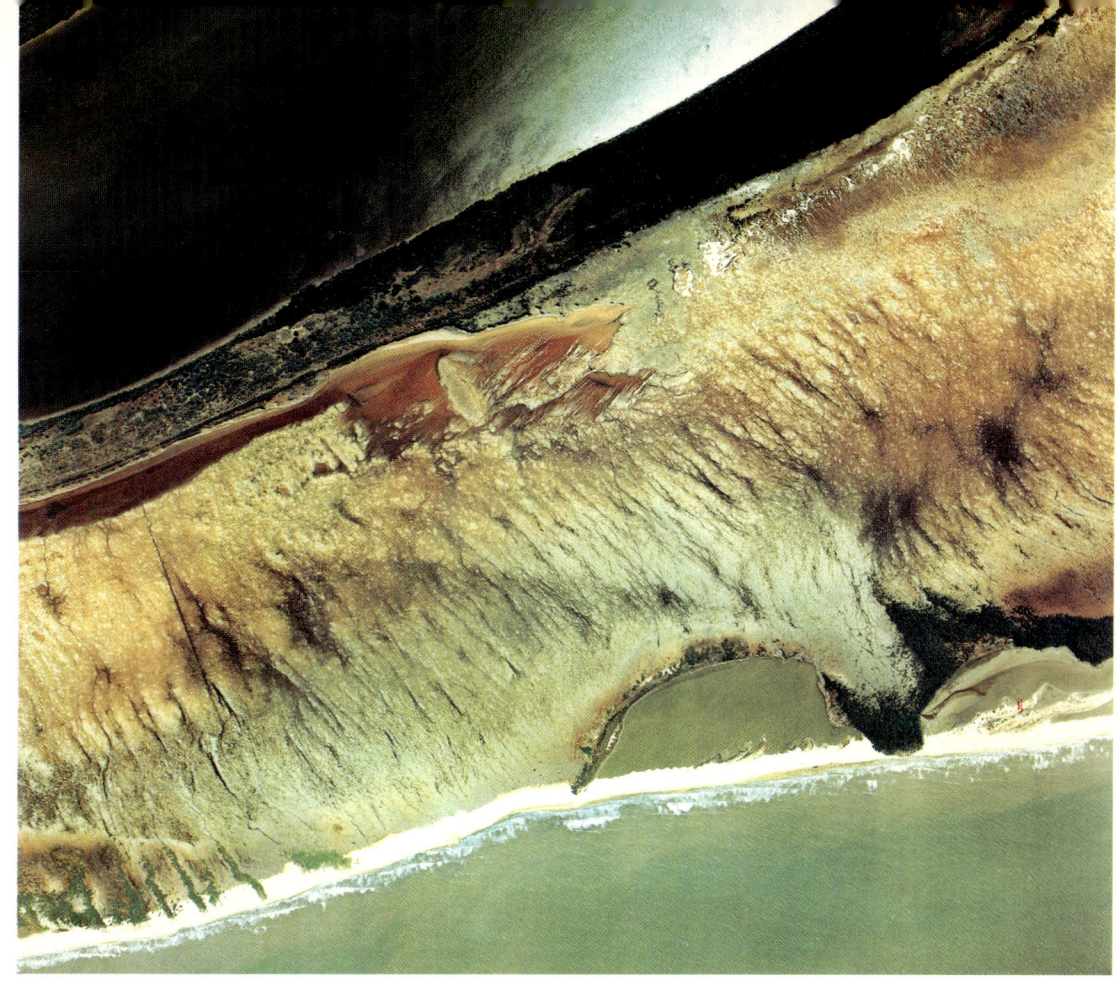

Les alignements se voient admirablement depuis l'espace. Typiques apparaîtront les clichés montrant respectivement la Guyane ci-contre et l'Afrique du sud ci-dessus : la rivière Kuiseb constitue une séparation entre, au nord, un plateau désolé et, au sud, des dunes parallèles à la côte que lèche le courant de Benguella : il a entraîné les sables vers le nord donnant aux caps une ciselure naguère insoupçonnée.

C'est le passé de la Méditerranée que montre ce cliché soviétique recueilli par les cosmonautes de Soyouz-22. Nous découvrons Algésiras (1), Gibraltar (2), Tanger (3), Ceuta (4). Il y a encore quelques millions d'années la Méditerranée était une mer fermée, plus basse que l'Atlantique avec une Europe soudée à l'Afrique. Mais l'usure de l'isthme engendra la grande cascade qui allait tout à la fois remplir la Méditerranée et créer un canal entre les deux mers. Cette image nous montre que le mouvement des eaux froides de l'Atlantique (plus claires) se poursuit à l'heure actuelle, entretenu par l'évaporation intense que la Méditerranée connaît.

# LA TERRE / La LUNE, un autre monde presque familier

*C'est en route pour Mercure que Mariner-10 recueillit cette vue de la planète double : pour la première fois la Terre et la Lune apparaissaient sur une même image avec, bien entendu, la même phase.*

Satellite naturel de la Terre, la Lune est cosmiquement toute proche : moins de 350 000 km peuvent nous séparer de sa surface. Ainsi la lunette permet au XVIIe siècle d'observer ses cratères et de cartographier son hémisphère tourné vers la Terre : à ses formations, Grimaldi et Riccioli donnent des noms pittoresques qui seront largement conservés. Nul toutefois au seuil de l'ère spatiale n'a encore vu la face arrière de la Lune.

Sa découverte s'inscrit à l'actif de Luna-3 que les Russes ont, en 1959, lancée pour que, le 7 octobre, elle survole cette face arrière alors tout entière éclairée.

Retransmises par radiobélinographie, les images font découvrir un relief très accidenté, avec des mers quatre fois moins étendues. A l'instar de beaucoup de corps célestes, la Lune se révèle dissymétrique.

Mer est, à l'époque, le terme encore employé pour désigner les régions sélènes plates et sombres nées de la coulée de matériaux liquéfiés consécutivement à des impacts. On préférera parler de bassins.

Très rapidement, en effet, la connaissance de la Lune progresse grâce aux sondes qui la photographient à bout portant. Tel est le sens du programme américain Ranger, dévolu à des véhicules collecteurs, en 1964, de clichés jusqu'au moment de leur écrasement. Ils montrent un sol saturé de cratères.

Puis, la mise au point d'un freinage par rétrofusée autorise des arrivées en douceur. En 1966, le Luna-9 soviétique, le Surveyor américain permettent d'observer les terrains lunaires à l'échelle millimétrique. C'est pour constater que les météorites les ont labourés en tous sens, les plus petites ayant donné autant de coups d'épingle au point de conférer aux roches une structure de pierre ponce, avec production du matériau mi-pulvérulent mi-gluant omniprésent sur la Lune que l'on appellera régolite.

Bientôt, les paysages lunaires sont découverts par des sondes en orbite : Luna-10 ou Lunar-Orbiter. La genèse des cratères est comprise : les plus nombreux se révèlent dus à des astéroïdes, la chaleur créée lors des impacts ayant en profondeur gazéifié, chauffé et comprimé les matériaux, cela engendra autant de poches qui explosèrent, les pitons centraux étant imputés à un reflux de roches vers l'épicentre.

Et l'homme arrive, survolant lui-même la Lune avant de se poser sur son sol le 20 juillet 1969 : c'est à six reprises que les Américains enverront deux astronautes marcher sur la Lune dans le cadre du programme Apollo avec toujours, pour premier soin, une collecte d'échantillons, pareille tâche étant dévolue à trois sondes automatiques que les Russes envoient dans la mer des Crises. Les masses récupérées par ces sondes soviétiques sont faibles en regard des 400 kg rapportés par les missions Apollo, mais cet élargissement de l'échantillonnage est apprécié. Au total les scientifiques vont en effet disposer de roches de neuf sites sélènes, les unes venant du sol, les autres ayant jailli de plusieurs dizaines de kilomètres ; leur étude est banalisée à l'échelle mondiale. Depuis 1970, les investigateurs se réunissent chaque année dans la cité où elles sont conservées — Houston — pour confronter leurs conclusions.

On apprend de quoi la Lune est faite...

Bien entendu, elle recèle les mêmes éléments que la Terre, éléments dont, connaissant la structure de la matière, le physicien avait naguère pu dresser la liste et établir l'universalité. Une surprise est cependant la grande analogie constatée entre matériaux lunaires et matériaux terrestres avec des abondances comparables pour nombre d'éléments. Ainsi, comme sur la Terre, le plus répandu est l'oxygène, que sur la Lune on ne rencontre évidemment jamais à l'état libre, mais combiné au silicium — cet élément constituant à lui seul 20 % de la masse lunaire — au magnésium (19 %), au fer (10,6 %), au calcium (3,2 %), à l'aluminium (3,2 %).

*Par 38 °N et 103 °E, sur la face arrière de la Lune, ce cratère de 20 km photographié par les astronautes d'Apollo-8 c'est Giordano Bruno que caractérise un système de raies étonnamment brillantes sur des centaines de kilomètres. Elles ont été créées par la retombée de jets de matériaux pulvérulents lors de la formation du cratère. Le processus apparaît général, mais vu la très minime couche de matière que représentent de telles raies, l'érosion cosmique les font disparaître en quelques centaines sinon en quelques dizaines de millions d'années. Ainsi, aujourd'hui, n'accompagnent-elles plus que les cratères récents.*

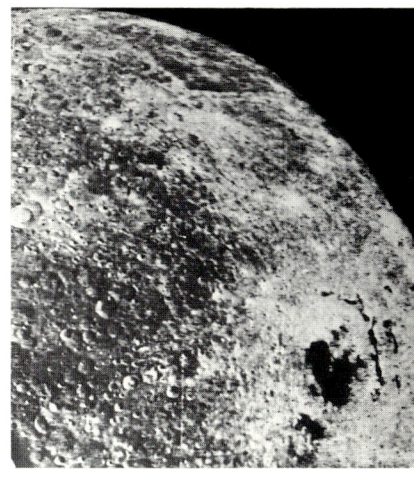

*Ci-dessus, montrant notamment le cratère Einstein et les monts d'Alembert, cette image de la face arrière de la Lune était, le 20 juillet 1965, recueillie par l'engin russe Zond-3 sur un film de 25 mm qui fut ensuite balayé sur 1 100 lignes à raison de 860 points par ligne et retransmis par une antenne à grand gain.*

*Ci-contre, ainsi se présentait la Lune aux astronautes des missions Apollo lorsqu'ils s'en éloignaient, mission accomplie, pour regagner la Terre. On voit sur cette image l'hémisphère visible — notamment l'océan des Tempêtes, la mer des Pluies, la mer de la Sérénité, et la mer des Crises — mais aussi des formations annonçant la face arrière : mer Marginale, mer de Smyth.*

L'attention est attirée par une certaine rareté du sodium et du potassium. Le chrome et le titane se révèlent au contraire plus répandus que sur la Terre, du moins dans les terrains anciens : la teneur en titane tend en effet à diminuer dans les coulées récentes en provenance des couches plus profondes.

Les lois de la chimie étant partout les mêmes, on retrouve les mêmes combinaisons, les roches lunaires se caractérisant toutefois par leur séche-

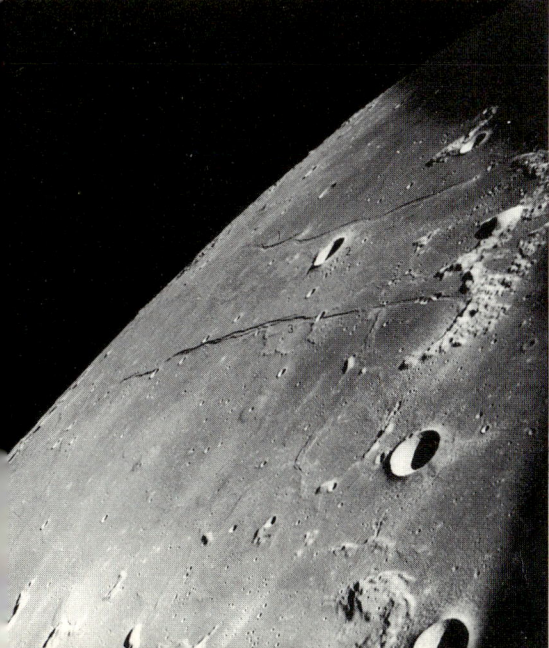

*Ci-contre à gauche, la région Cauchy a été photographiée par les astronautes d'Apollo-8 alors qu'ils survolaient la très plate mer de la Tranquillité. On identifie la crête Cauchy (1), le cratère Cauchy (2), l'escarpement Cauchy (3).*

*Ci-contre, dans la mer de la Fécondité, les cratères Messier photographiés par Lunar-Orbiter-5. L'astronomie conventionnelle avait vu en eux deux jumeaux. Or leur proximité est apparemment fortuite. Au premier plan, Messier B (1) est elliptique (13 km × 10 km) tandis que Messier A (2) est circulaire, point de départ d'un système de raies (3).*

# LA TERRE / La LUNE, des mers qui n'en sont pas

*On revit ici l'histoire d'un cratère : les matériaux lunaires ont jailli. Ils ont été figés. L'arène se refroidira, se craquellera, sera bombardée par des météorites.*

*Six minutes séparent ces deux clichés. En orbite autour de la Lune, c'est très vite que la Terre s'élève, alors que sur la Lune, elle apparaîtra à peu près immobile.*

resse et par une moindre richesse de variétés pour des raisons auxquelles n'est pas étrangère l'absence des processus hydrothermaux dont, sur notre planète, l'eau permit le développement.

La Lune se révèle née, il y a 4,55 milliards d'années, comme la Terre : cela ne va pas dans le sens de la thèse autrefois défendue par Charles Darwin selon laquelle elle aurait été éjectée par notre planète.

Si les scientifiques peuvent nous dire comment la Lune n'est pas née, il leur est cependant difficile de nous expliquer sa genèse.

Dans les années qui suivent sa conquête, volontiers on voit dans la Lune une planète indépendante que la Terre aurait capturée. Les tenants de cette thèse — chère à Urey et à laquelle la NASA aurait été encline à se rallier — font état des différences de composition relevées entre la Terre et la Lune, différences par eux jugées suffisantes pour interdire d'imaginer une naissance des deux objets à partir de la même pâte...

Mais à partir de 1980, une évolution est enregistrée. Les différences, tout compte fait, ne sont pas jugées significatives dans le temps où les indices en faveur de la « planète double » se multiplient : la Terre et la Lune pourraient s'être formées au même moment, à partir d'une même matière, dans la même région du système solaire, de sorte qu'il faudrait voir en elles deux sœurs cosmiques. Et ne reçurent-elles pas la même éducation, nous voulons dire le même rayonnement pour s'être trouvées à la même distance du Soleil ?

81 fois plus lourde que la Lune, la Terre constitua toutefois une bouteille thermos incomparablement plus efficace pour une puissance sensiblement plus forte : quand vous triplez le rayon d'un astre, vous multipliez son volume par 27 alors que sa surface est seulement 9 fois plus grande. A sa masse, la Terre doit d'autre part une « vitesse de libération » supérieure à 11 km/s largement rétentrice des gaz. Autour de la Terre, ils créèrent tout à la fois un environnement fluide, et un grand capteur pour faire jouer au rayonnement solaire le rôle d'un animateur : seul l'hydrogène fut candidat à l'évasion. Inférieure à 2,4 km/s, la vitesse de libération de la

Lune ne constitua pas une barrière : les gaz s'en jouèrent.

La leçon devra être méditée.

Le visage actuel de la Lune aurait été celui de notre planète si celle-ci avait été plus petite. Mieux : sans doute l'un et l'autre monde présentèrent le même aspect initial alors que la Terre n'avait pas encore extirpé, pour la condenser en mers, l'eau de ses entrailles et qu'elle se trouva, comme la Lune, copieusement bombardée durant les 700 millions d'années ayant vu la restructuration du système solaire consécutivement à la croissance de germes en nombre aberrant autour du Soleil.

De ce passé, toutefois, presque plus rien ne témoigne sur ce monde superactif que fut la Terre alors que ses manifestations ont été largement conservées sur la Lune, où nous lirons tout à la fois sa propre histoire et celle du système solaire...

La première fut assez brève, avec initialement quelque 300 millions d'années de grande activité. Dans les temps ayant suivi sa formation, la Lune se trouva — du fait de sa chaleur de forma-

*Quand des flots de lave viennent mourir au pied d'une faille, la formation se trouve figée : le chronomètre de la cratérisation est lancé...*

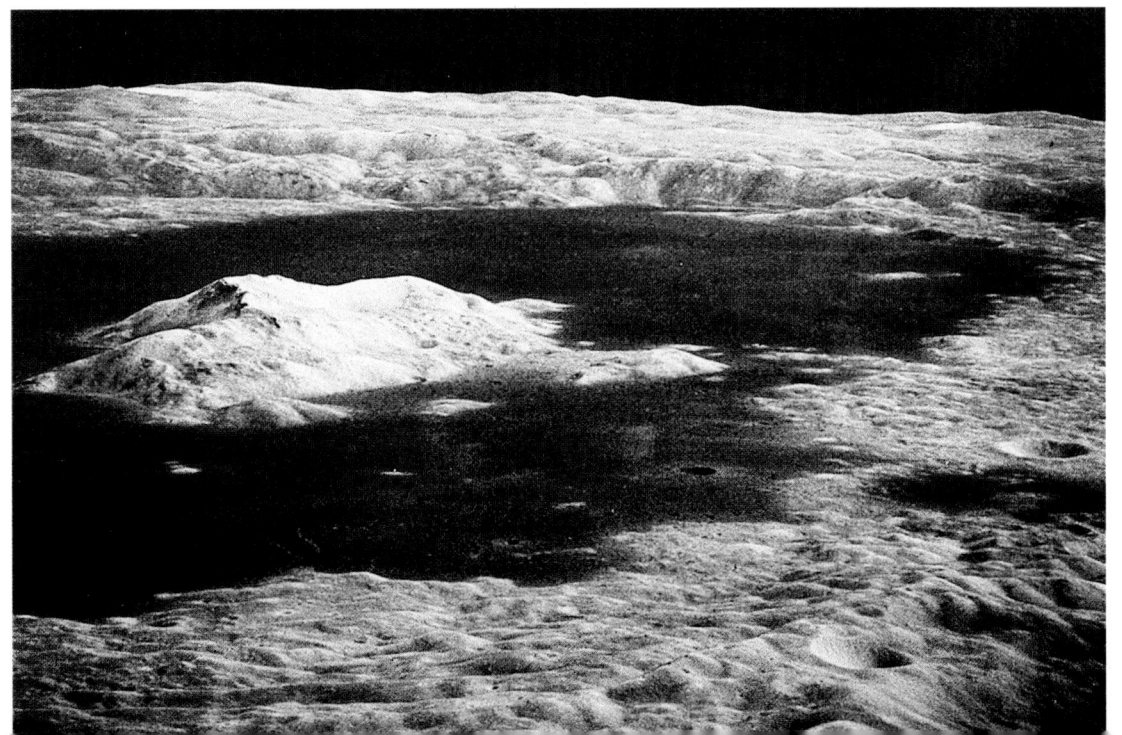

*Le cratère auquel les Russes ont donné le nom de leur pionnier de l'astronautique — Tsiolkowsky — est une des plus spectaculaires formations de la face arrière. Nous le voyons ici, de loin et en gros plan, comme s'il nous était donné de le survoler. Mesurant 200 km et possédant un imposant piton central, ce cratère est étonnant tant par sa couleur extrêmement foncée, que par sa forme ; elle évoque beaucoup plus des lèvres qu'un bassin comme si une gigantesque vague de lave avait poussé les terrains. C'est à une époque très récente que la formation aurait été figée si l'on en juge par l'absence presque complète de cratères dans l'arène.*

# LA TERRE / La LUNE, des failles, des montagnes, des cratères

*A proximité immédiate du terminateur, les astronautes d'Apollo-15 ont photographié ce terrain que la longueur des ombres portées rend fantasmagorique avec les contrastes entre une région cratérisée, une bande plate et une zone plissée.*

*Large de 120 km dans la région des Alpes lunaires, au nord-est de la mer des Pluies, cette gorge, tout naturellement appelée Vallée Alpine, avait intrigué des générations d'astronomes. Certains avaient imaginé un fleuve qui, autrefois, se serait jeté dans cette mer des Pluies. Las, nous savons qu'il n'y eut jamais d'eau sur la Lune : il faut imputer la Vallée Alpine à l'intense activité dont s'accompagna la formation de cette mer des Pluies.*

*Recueillie le 22 février 1967 par Lunar-Orbiter-3 depuis 56 km, cette vue montre le grand cratère Damoiseau d'un diamètre voisin de 65 km. Toute sa complexité est découverte, en bordure de la mer des Pluies, visible au premier plan : ce cratère présente une structure de type « chaudron » imputable à des effondrements de matériaux.*

*Lors du vol Apollo-15, cette perspective a été recueillie par Worden. On voit les deux cratères Aristarque (à gauche) et Hérodote avec, partant de ce dernier, la vallée de Schroeter présumée née d'une coulée de lave, comme la vallée Alpine, en même temps que la mer des Pluies.*

*Dirigeant leur caméra vers l'est, les astronautes d'Apollo-8 ont photographié cette zone des grands cratères. Au premier plan, Goclenius (1) est elliptique, traversé par deux sillons qui se prolongent dans la mer de la Fécondité : la crête est coupée. Colombo A (2) est tangent à Colombo dont on distingue un fragment de rempart. Les autres cratères sont Magelhaens (3) et Magelhaens A (4).*

# LA TERRE / La LUNE, début de la conquête

*Drapeau signifie commémoration d'un exploit et hommage rendu au pays qui l'a rendu possible, sans qu'il soit question pour autant d'un quelconque exercice de souveraineté. Le traité sur l'espace signé le 27 janvier 1967 stipule que le droit de propriété n'existe pas au-delà des limites de l'espace aérien (80 km au-dessus de la Terre). Chacun a la faculté d'aller sur la Lune ou sur tout autre corps céleste pour s'y livrer à des activités de son cru à condition qu'elles soient conduites dans l'intérêt de l'humanité et sans pouvoir se prétendre possesseur du terrain sur lequel cette activité a été déployée. Toutes les puissances spatiales s'engagent à accepter que leurs installations sur les autres mondes soient librement visitées. Si demain vous vous rendez sur la Lune, vous aurez toute liberté pour circuler sur les sites ayant donné lieu à des opérations. Mais vous n'aurez pas le droit de toucher aux instruments ni de vous livrer à un travail de nature à réduire l'information que les scientifiques pourraient ultérieurement espérer retirer d'une étude systématique de ces sites.*

tion et d'une intense activité de ses radio-éléments à courte période — fondue sur plusieurs centaines de kilomètres : sa couche supérieure devint un océan de magma au fond duquel tombèrent les minéraux lourds. Une écorce composée de roches anorthosiques se forma tandis que flotta une écume recelant feldspath, terres rares et phosphore, dont le refroidissement suivit de peu. La croûte lunaire étant sans doute toutefois déjà solidifiée il y a 4,2 milliards d'années.

Tout au plus, le manteau vint ensuite à se ramollir sous la chaleur des radio-éléments à longue période. Ainsi se trouvèrent créés les basaltes des bassins. Les derniers écoulements remontent peut-être à 2,8 milliards d'années.

On retiendra en effet que non contents de visiter leur site — en voiture lors des trois dernières missions — les astronautes des vols Apollo installèrent sur la Lune un total de 26 instruments, 22 d'entre eux ayant fonctionné jusqu'à octobre 1977, époque à laquelle, jugeant avoir assez de données, la NASA décida de mettre fin à l'écoute. Les enregistrements ont entraîné cette conviction : à la différence de la Terre — chaque jour plus lourde car enrichie de quelque 10 000 t de poussières météoritiques dans le temps où elle perd une fraction insignifiante de son atmosphère — la Lune se caractérise par un bilan de masse négatif. Et elle n'offre plus aujourd'hui le moindre signe d'activité spécifique.

Les séismomètres mis en place sur la Lune ont envoyé des signaux, indice de leur bon fonctionnement, mais ils durent être imputés soit à des chutes de matériaux sur la Lune, soit à des tensions internes dues aux variations de la distance Terre-Lune.

C'est à ce calme, tôt acquis, que la Lune doit de nous narrer l'histoire du système solaire par la seule contemplation de sa surface.

Son bilan de masse négatif s'est traduit par une érosion cosmique ayant enlevé 1 mm par 1 million d'années. Cela eut pour effet de délabrer les vieux cratères de sorte que l'ancienneté d'une formation lunaire découle de son aspect. D'autre part, grâce à différentes méthodes (rubidium-strontium, potassium-argon, uranium-plomb) remarquablement concordantes, nous savons que l'on a pu dater les roches rapportées sur la Terre : la mer des Pluies s'est révélée avoir l'âge des continents — 4 milliards d'années — comme si, alors, un véritable pic de bombardement avait conféré à la Lune son visage actuel. Apparue il y a 3,7 milliards d'années, la mer de la Tranquillité est à peine plus jeune.

Bien entendu, de la conquête sélène, nous n'avons encore vécu que le prologue. Les Américains se proposent de retourner sur la Lune, les Soviétiques se préparent à y aller, les uns et les autres avec de grands moyens et notamment avec le souci de créer là-bas une industrie alimentée par des matériaux sélènes pour fabriquer par exemple des objets en céramique ; l'aluminium pourra constituer un combustible, et une électricité abondante sera fabriquée par des photopiles à partir du rayonnement solaire.

En attendant, des instruments passifs restent utilisables : six réflecteurs peuvent, depuis la Terre, être visés par laser pour, à travers les variations de la distance Terre-Lune, instruire les scientifiques du mouvement de la Lune et de la plasticité de celle-ci. Quatre de ces réflecteurs font partie d'équipements Apollo, tandis que les deux autres, français, ont été montés sur les véhicules automobiles arrivées sur la Lune en 1970 et 1974. Après le temps d'une exploration sur télécommande depuis Yevpatoria par des « cosmonautes rampants », ces véhicules ont été immobilisés de manière à maintenir pour l'éternité leurs réflecteurs pointés vers notre planète…

*Intrepid, module lunaire d'Apollo-12, s'est le 19 novembre 1969 posé dans l'Océan des Tempêtes, à 200 m seulement de l'endroit où Surveyor-3 était arrivé le 20 avril 1967. Le 20 novembre, les astronautes Charles Conrad et Alan Bean se sont rendus auprès de la sonde. Ils en ont démonté certains équipements, dont la caméra, qui seront rapportés sur la Terre. Leur étude permettra de découvrir des bactéries ayant survécu à 31 mois d'ambiance sélène.*

*Ni arbre, ni fleuve, ni oiseau, mais le silence de l'espace et des paysages qui parlent le langage du temps, leur contemplation donne lieu à méditation : l'homme est l'événement grâce auquel l'univers peut avoir conscience de son destin. Recueillie par les astronautes d'Apollo-17, cette image montre, dans la vallée Taurus-Littrow, un rocher venu de la montagne à une époque récente, l'érosion n'ayant pas effacé les traces de son mouvement.*

*L'utilisation d'une automobile lors des trois dernières missions Apollo permit aux astronautes de parcourir non plus des kilomètres, mais des dizaines de kilomètres sur le continent sélène, à savoir 28,1 km pour Apollo-15, 27,1 km pour Apollo-16, et enfin 36,1 km pour Apollo-17 dont le cliché ci-contre montre le Lunar-Rover. Ce véhicule portait une caméra et une antenne de télévision : depuis le sol, les scientifiques découvraient ainsi la Lune en même temps que les astronautes auxquels ils prodiguaient leurs conseils.*

41

# MARS, Phobos & Deimos

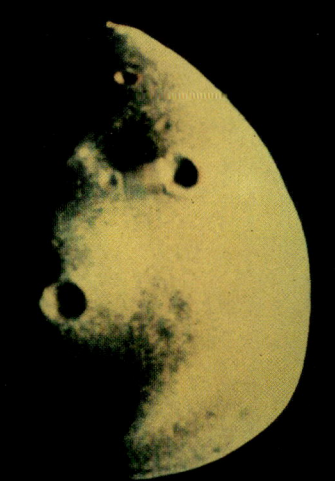

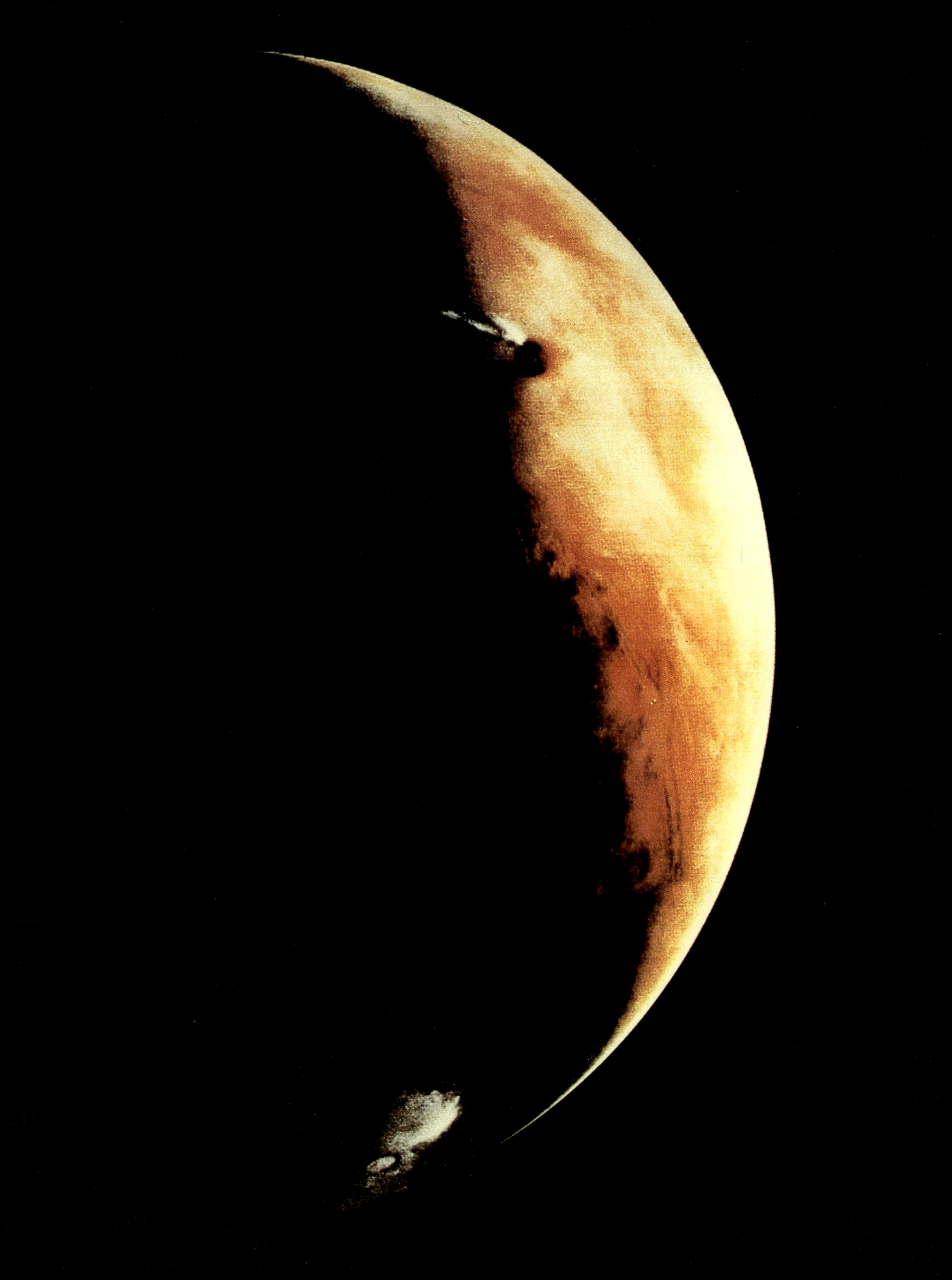

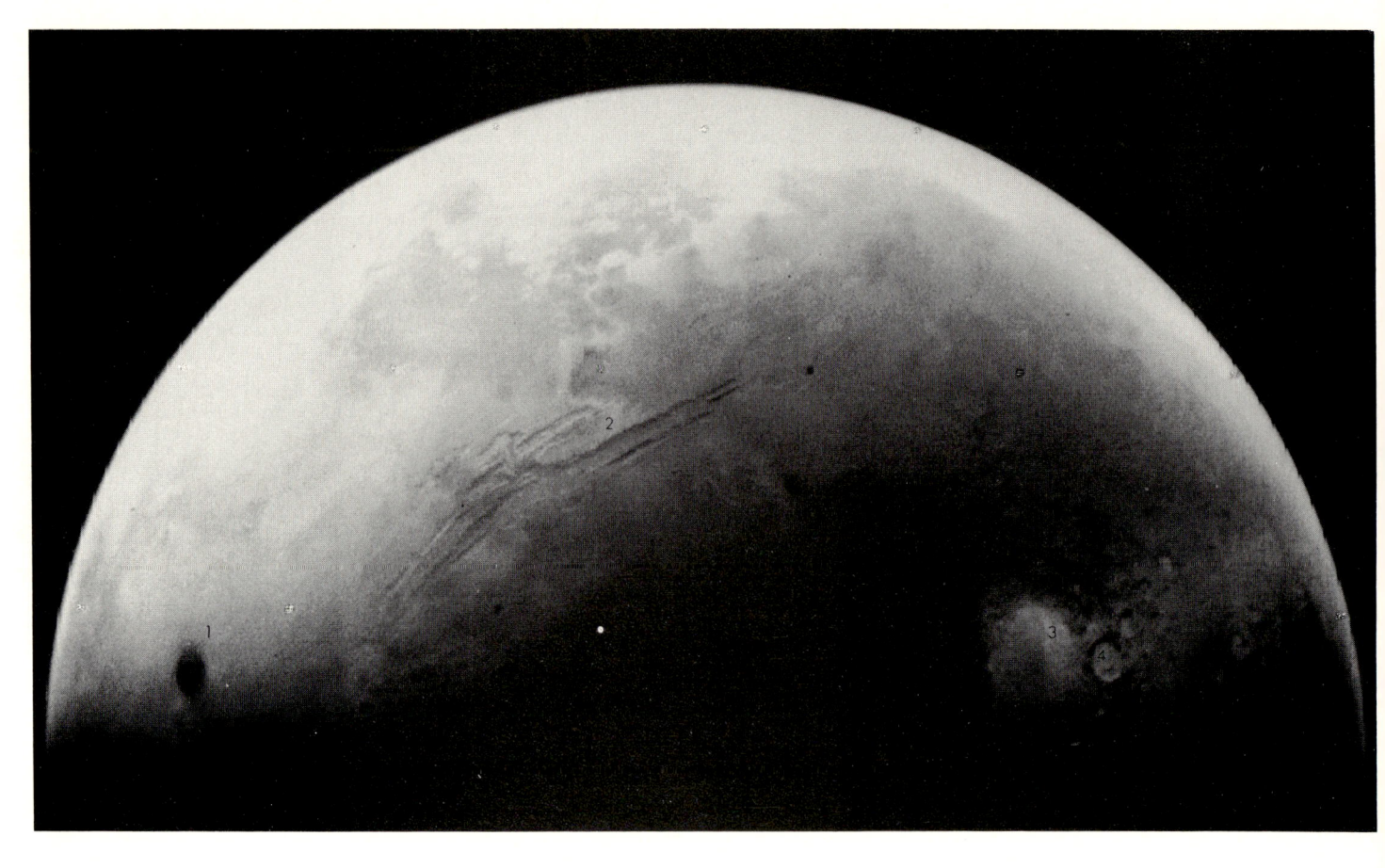

# MARS / Des jours et des saisons

*Recueillie le 18 juin 1976 par Viking-1 encore à 360 000 km de la planète Mars, autour de laquelle il se satellisera le lendemain, cette image montre tout à la fois une petite partie éclairée de la région volcanique Tharsis — c'est Ascraeus Mons que l'on voit en (1) — Valles Marineris (2), Argyre Planitia (3) et le cratère Galle (4). Le sud est à droite. Vue depuis le voisinage de Deimos, la même partie de la planète Mars nous était présentée en couleurs sur la double page précédente.*

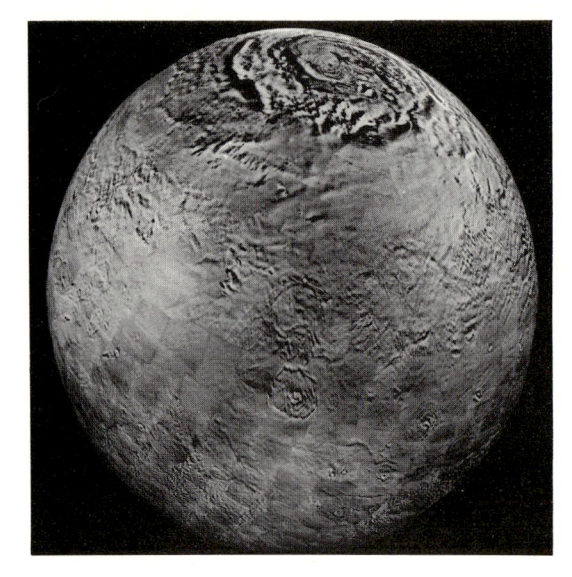

*Avec, au pôle nord, la calotte glaciaire résiduelle et, nous faisant face, le complexe volcanique Olympus Mons, nous avons ici une vue d'ensemble du globe martien produit à partir d'un planisphère lui-même créé grâce à la fusion sur ordinateur de 1 500 images recueillies par Mariner-9 en 1971 et 1972.*

Une coloration rougeâtre avait autrefois valu à Mars le nom du dieu de la guerre.

A l'âge des lunettes, la planète fascine car une atmosphère transparente laisse discerner le sol avec ses contrastes. Dès 1666, sous le clair ciel de Bologne, J.-D. Cassini a repéré la tache sombre Sinus Meridiani qui sera l'origine d'un système de coordonnées. L'astronome peut affirmer que Mars tourne en 24 h 40. Cette valeur se révélera exacte à 3 min près.

Deux siècles passent : une grande campagne d'observation est organisée lors de l'opposition de 1877. L'opposition est le moment où la Terre passe entre Mars et le Soleil ; ainsi, sur une carte du système solaire, les trois objets apparaîtront alignés. Sachant que la Terre et Mars demandent respectivement 365 et 687 jours pour boucler leur révolution autour du Soleil, on calcule que les oppositions de Mars reviennent tous les 779 jours. Elles se succèdent cependant sans se ressembler : vu l'excentricité de l'orbite martienne, la distance Terre-Mars varie lors d'une opposition entre 56 et 102 millions de kilomètres selon un cycle primaire de 15 ans, avec une très bonne opposition tous les 47 ans. Tel est le cas en 1877. Des instruments performants viennent d'être construits. Ils montrent des transformations à la surface de Mars. Certains paysages changent de couleur selon la saison. Et, au printemps, les calottes polaires disparaissent.

Car il y a des saisons sur Mars, dont l'axe est incliné (à quelque 24°) comme l'est celui de la Terre. Là est une autre analogie qui vient encore ajouter à l'intérêt suscité par la planète. Les scientifiques resteront malheureusement sur leur soif : leur connaissance du monde martien ne peut guère progresser que par l'imagination.

A l'ère spatiale, c'est le grand bond : la sonde américaine Mariner-4 survole Mars le 15 juillet 1965 et, ce jour-là, a lieu la première téléphotographie planétaire.

La définition est médiocre : 200 lignes, dont chacun des 200 points est défini par 6 brins d'information pour autoriser 64 ($2^6$) niveaux de gris. Et le débit est faible : 8,33 brins d'information par seconde. 8 h sont ainsi nécessaires pour l'acheminement d'une image. Mais c'est un immense succès, 18 images sont recueillies alors que Mariner-4 se trouve à moins de 16 700 km de Mars, l'engin passant à 2 h 01 à sa plus faible distance de la planète (9 844 km). Le programme prévoyait un survol en écharpe depuis la très intrigante région Elysium au nord, en direction du sud-ouest. En fait Mariner-4 est passé à quelque 700 km plus à l'est. Et sur les clichés, des cratères apparaissent çà et là. L'un d'eux, délabré, est un véritable bassin de 150 km évoquant le vieux cirque lunaire Clavius.

Les astronomes sont étonnés : ils ne s'attendaient guère à découvrir des cratères sur Mars.

La satisfaction technique se double ainsi d'une certaine déception car présence de cratères implique absence d'activité. Tous les objets du système solaire ont été abondamment bombardés au cours des temps cosmiques. Les cratères ont subsisté seulement là où aucun processus n'est venu remanier les terrains — ce fut le cas sur ce monde mort qu'est la Lune — alors que sur la Terre quelques millions d'années suffisent pour effacer le souvenir d'un impact. Ainsi la découverte de cratères sur Mars semble-t-elle condamner tout modèle de planète évolutive.

*Sur l'image ci-dessus due le 17 juin 1976 à Viking-1, qui alors était encore à 560 000 km de Mars, on observe en haut la grande région volcanique Tharsis avec notamment Olympus Mons (1), Ascraeus Mons (2), Pavonis Mons (3), et Arsia Mons (4). Argyre Planitia (5) est visible en bas à droite.*

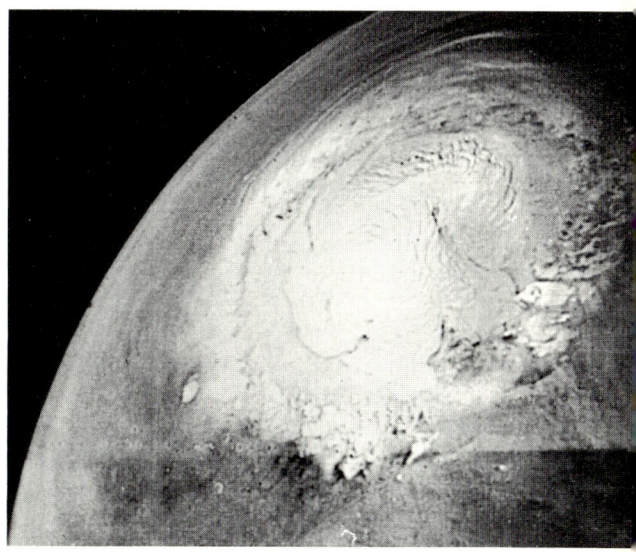

*Avec les deux photographies ci-contre, la région polaire sud montrait à Mariner-9 d'une part son aspect général à l'approche du printemps austral depuis 13 700 km, d'autre part, les sédimentations auxquelles donnent lieu les cycles climatiques martiens à 900 km du pôle dans la région dite Thyles Collis par 75 °S et 230° de longitude.*

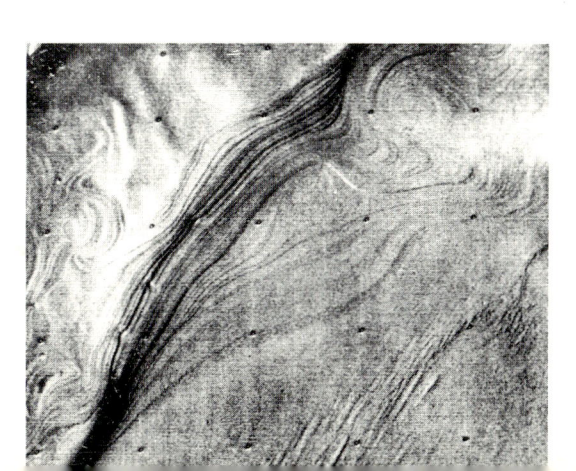

# MARS / Des volcans monstrueux

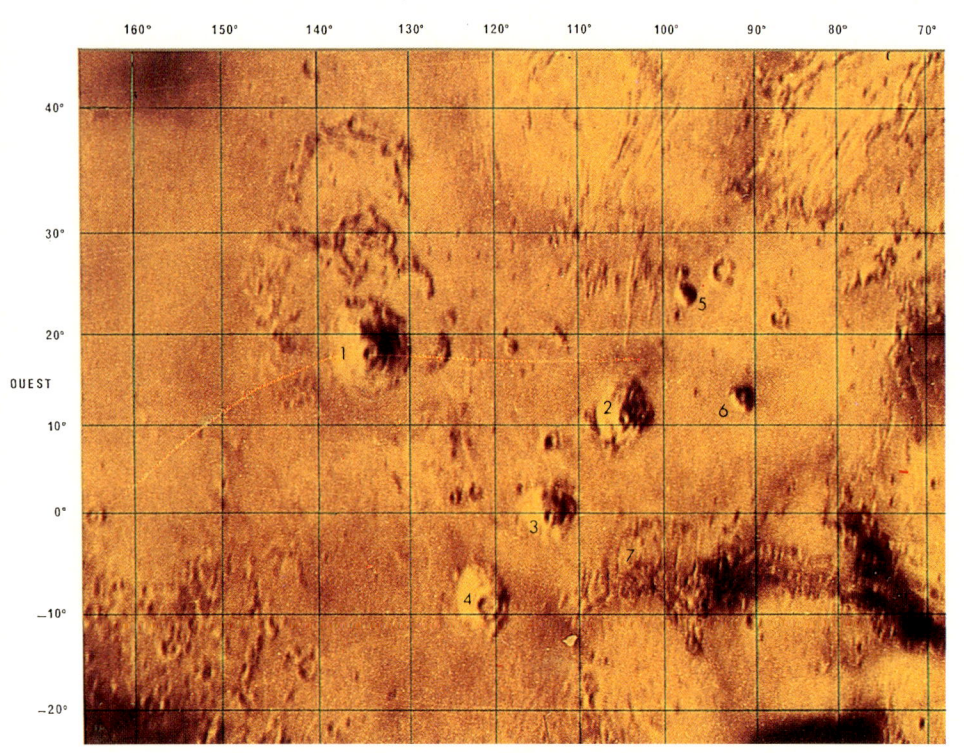

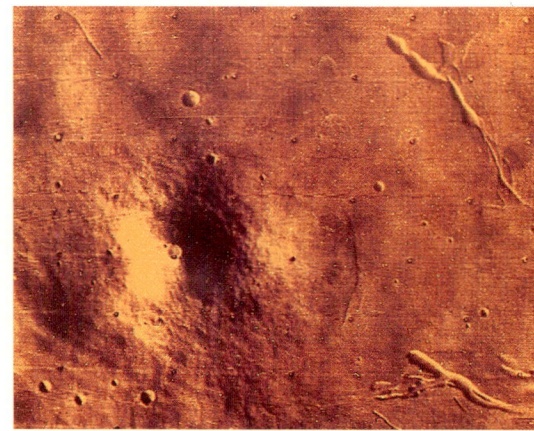

*Ci-dessus ce planisphère photographique situé entre 90° et 140° de longitude d'une part les grandes formations de Tharsis — nous retrouvons Olympus Mons (1), Ascraeus Mons (2), Pavonis Mons (3), Arsia Mons (4) : nous observons Ceraunius Tholus (5), Tharsis Tholus (6), l'appellation tholus (colline) étant réservée à de petites montagnes — et d'autre part la zone de fracture Noctis Labyrinthus (7) que l'on présume née d'un effondrement de la région sous le poids des laves. La grande étendue à l'ouest d'Olympus Mons est Amazonis Planitia.*

*A droite en haut, par 210° de longitude, Elysium occupe le centre de la seconde grande province volcanique de Mars, elle-même marquée par un soulèvement général des terrains. On voit en haut à droite Elysium Mons (dont le diamètre est proche de 300 km) et au-dessous la caldeira de ce volcan avec trace d'écoulements tant en surface que souterrains.*

*Ci-contre, une perspective d'Olympus Mons par 18° N et 133° de longitude, avec couleurs reconstituées. Elles donnent une vue d'ensemble de sa caldeira large de 90 km, dont les détails sont visibles sur la page de droite.*

En réalité, un trait dominant du monde martien est sa complexité. Il recèle, singulièrement dans son hémisphère sud, des régions inactives, naturellement cratérisées mais ailleurs des régions actives présentent d'autres visages. Le hasard voulut que Mariner-4 photographie essentiellement une

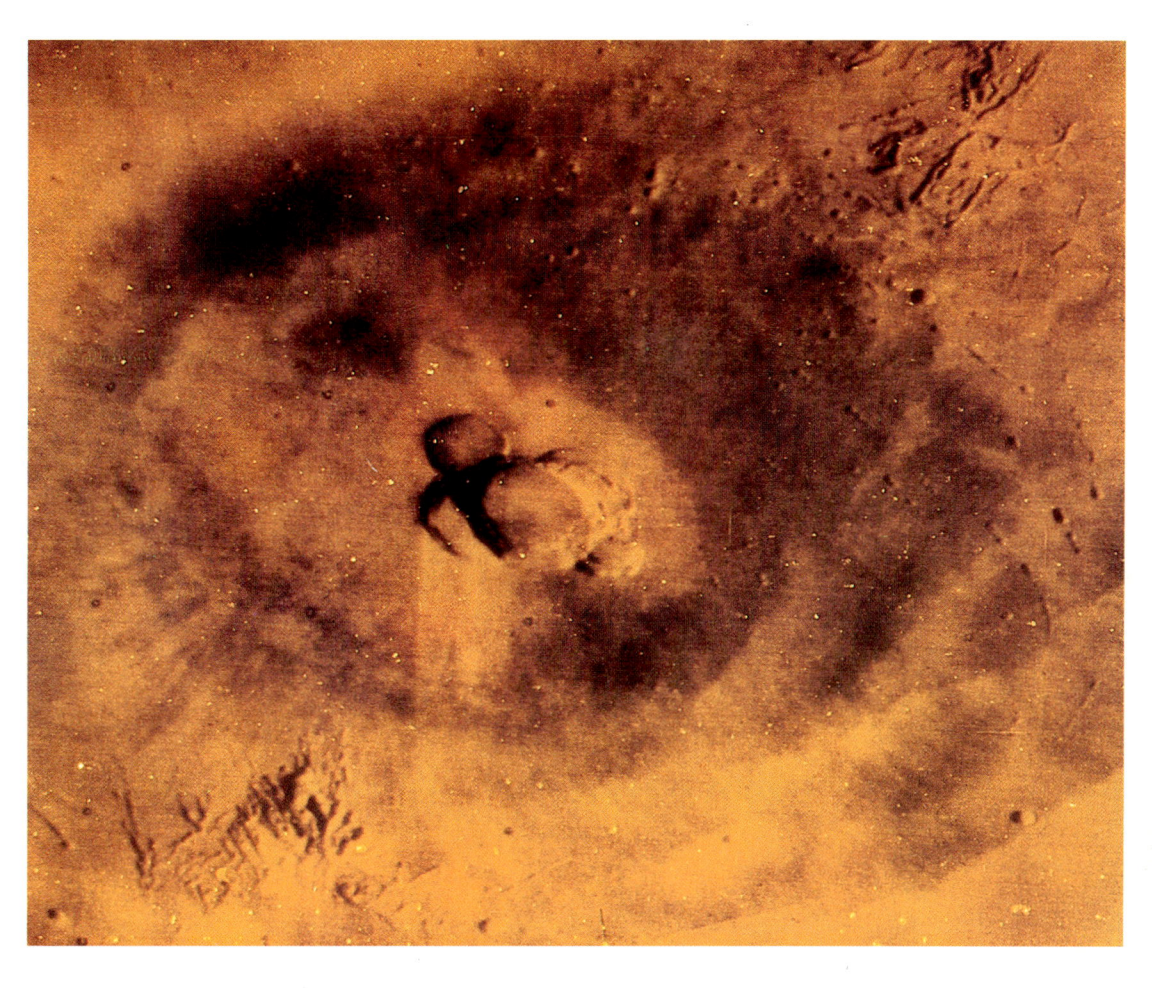

Large de quelque 40 km et profonde de 4 km, la caldeira d'Ascraeus Mons fait ici découvrir les failles concentriques qui se sont créées tant à l'extérieur qu'à l'intérieur de la formation du fait de ses effondrements. Ascraeus Mons avait, au temps de Mariner-9, été nommé North Spot, tandis que Arsia était South Spot. Sur le plateau Tharsis dont l'altitude moyenne est de 10 km — les expériences d'occultation avaient, à cet endroit, montré que la surface martienne présente une bosse — ces volcans sont étonnamment alignés. Ils ont tous trois des hauteurs comparables à Olympus Mons (27 km) dont ils ont par ailleurs épousé la forme, pour avoir connu des évolutions identiques avec des flancs recouverts de laves provenant de coulées successives.

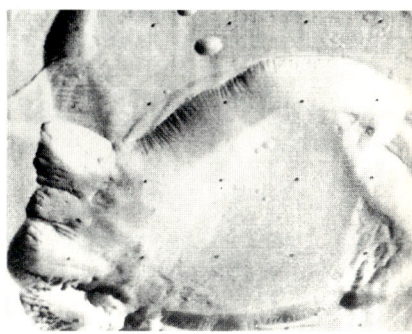

Par 13° N et 91° de longitude, Tharsis Tholus porta naguère l'appellation de « volcan 7 ». A proximité immédiate de la chaîne des grands volcans, il présente une caldeira irrégulière. L'attention est attirée tout à la fois par la platitude de la bouche et par des parois striées comme si l'extinction de ce volcan avait été suivie d'un ravinement intérieur.

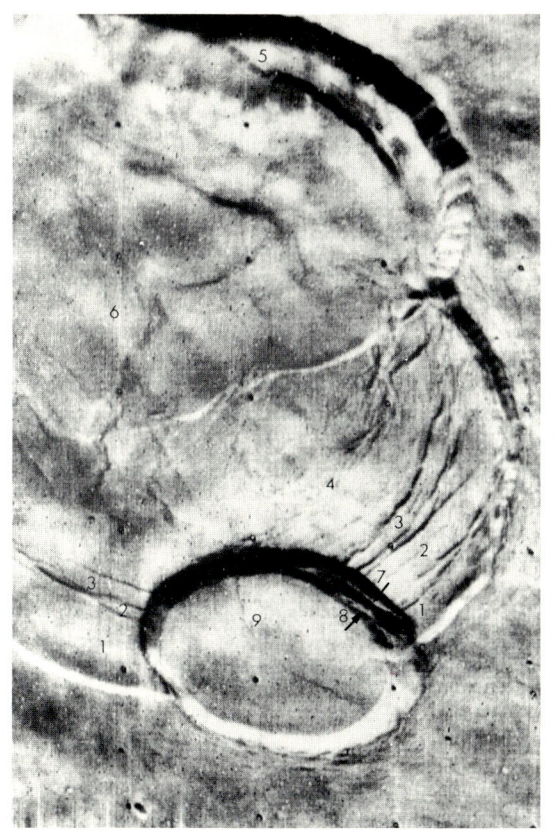

A gauche, ce gros plan de la caldeira d'Olympus Mons montre les effondrements successifs de ses lacs de lave, numérotés sur le cliché par ordre d'ancienneté. On suit les contours des lacs 1, 2 et 3, le 4e n'étant pas loin de remplir toute la partie inférieure du grand cercle. Alors un effondrement majeur effaça sur des étendues importantes les traces des anciens affaissements. Le cratère coupant à l'emporte-pièce les bords de la grande caldeira est évidemment dû à l'écoulement le plus récent qui eut pour conséquence de créer le 9e et dernier lac.

zone inactive. C'est une double malchance : les scientifiques ne peuvent se faire une idée valable du monde martien, tandis que les financiers jugent inintéressant un monde qui ressemblerait à la Lune. Là est l'inconvénient d'un échantillonnage limité dans le temps et plus encore dans l'espace : Mariner-4 n'a pas photographié 1 % de la surface martienne.

On en apprend à peine plus en 1969 avec les sondes Mariner-6 et Mariner-7 qui, elles-mêmes, survolent Mars, la première le 31 juillet, à 3 427 km de distance dans le sens nord-sud, la seconde le 5 août à 3 347 km, dans le sens est-ouest : l'échantillonnage (32 + 29 images) n'est guère plus représentatif.

Deux résultats très positifs à l'actif de ces nouveaux survols sont toutefois une mesure des températures polaires, et une étude de l'atmosphère par considération de l'altération qu'elle imprime aux signaux de la sonde lorsque celle-ci passe derrière la planète. On doit considérablement réviser en baisse les estimations de la pression atmosphérique sur Mars : elle est inférieure à 10 mm de mercure alors que l'on avait autrefois parlé de 60 mm. Ces expériences d'occultation révèlent en outre que l'atmosphère martienne est constituée pour 98 % par du dioxyde de carbone : on la croyait d'azote.

Mais la véritable découverte de Mars sera le

# MARS / Toujours des cratères

fait de sondes capables de rester près de Mars. La première à se mettre en orbite autour de la planète se nomme Mariner-9. Les Américains n'ont pas voulu manquer l'opposition exceptionnelle qui, en 1971, autorise une opération de satellisation pour une dépense énergétique comparable à celle d'un survol en 1965.

Ce sont 7 329 photographies — elles feront voir la quasi-totalité de la planète — que Mariner-9 va recueillir en 349 jours de travail, la définition atteignant 700 lignes, avec 832 points par ligne et 9 brins d'information par point. La sonde étant munie d'une caméra petit angulaire, depuis une altitude de 1 400 km, des détails décamétriques sont visibles. Alors peuvent être découvertes les régions actives de la planète,

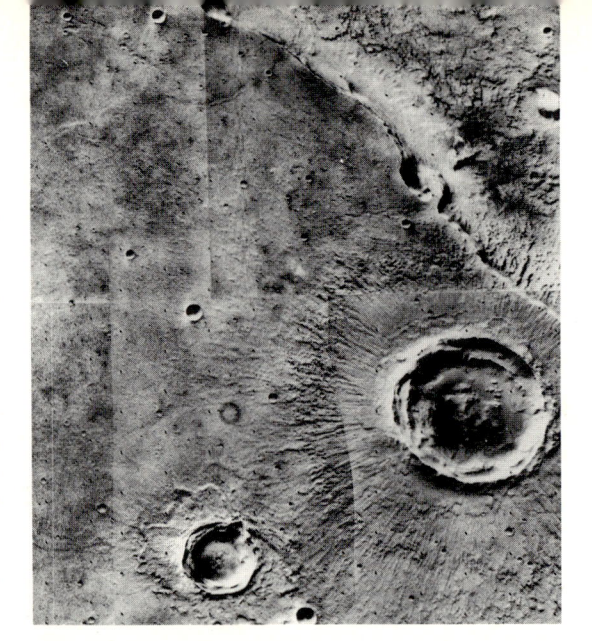

*Par 23° N et 52° de longitude, nous découvrons ici Kasei Vallis, Kasei voulant dire Mars en japonais. Cette formation constitue la bordure septentrionale de Lunae Planum à l'est de Tharsis entre cette région et Chryse Planita : dans le canal visible à la partie supérieure de ce cliché (obtenu par Mariner-9 depuis 1 760 km le 11 juillet 1976), coula vraisemblablement autrefois un fleuve de lave.*

*Nous sommes ici à l'aplomb de la caldeira d'Arsia Mons dont le diamètre représente rien moins que 120 km. Très spectaculaire, cette image permet de découvrir l'épanchement radial des laves : ainsi les plaines de Tharsis se trouvent recouvertes par des coulées successives jusqu'à devenir le haut et lourd plateau sous les traits desquels la région nous apparaît aujourd'hui.*

marquées en premier lieu par de grandes coulées de laves apparemment semblables à celles ayant enfanté les mers lunaires, à cette différence que certaines apparaissent récentes.

Un trait dominant du monde martien est en effet son volcanisme dont nous savons aujourd'hui qu'il caractérise les planètes telluriques, celles-ci recélant toujours des corps radioactifs générateurs de chaleur. Ainsi, en leur centre, règne une température d'autant plus élevée que la masse est plus importante. On table sur quelque 4 000 °C au centre de Vénus ou de la Terre, sur 1 200 °C au centre de la Lune : le cas martien est intermédiaire avec peut-être quelque 2 000 °C.

Et on notera que la croûte martienne — monobloc comme la croûte vénusienne — semble tout au plus, au cours des temps, avoir été capable de lentement glisser sur la lithosphère. Ainsi le volcanisme s'est trouvé drainé vers les mêmes régions où il a pu prendre des propor-

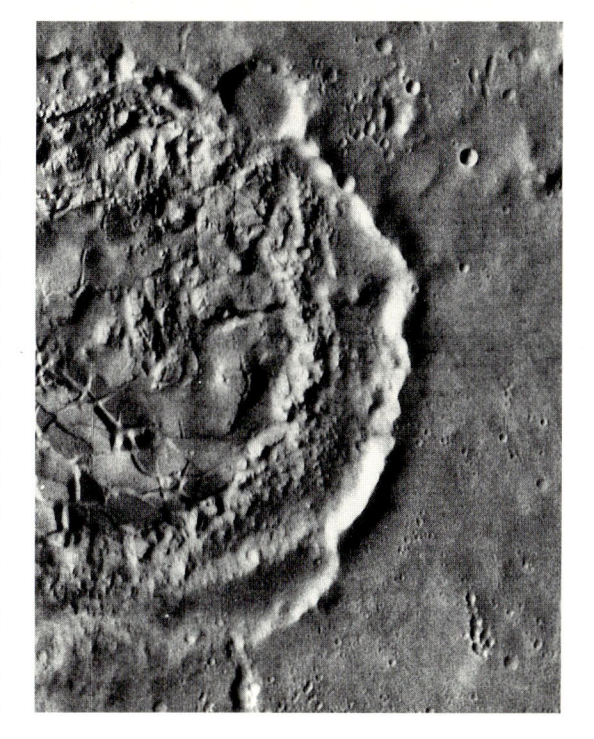

*A la caméra de Viking-1 — qui photographiait largement la planète Mars à la recherche d'un site d'atterrissage pour Viking-2 — nous devons ce gros plan d'un cratère dont le diamètre est très voisin de 40 km. Traversée par de multiples plis présumés dus à des solidifications de coulées de lave, la structure de son arène offre d'étonnantes similitudes avec la mer Orientale de la Lune.*

*A gauche, par 31° N et 210° de longitude, nous voyons, dans la région Elysium, la caldeira tourmentée d'Hecates Tholus avec le souvenir de coulées et cratères disposés le long d'une ligne de feu.*

*A droite, le changement de décor est total avec, dans l'hémisphère austral par 48° S et 330° de longitude, le cratère Hellespontus dont l'arène se trouva recouverte par des poussières qui, transportées par le vent, devinrent des dunes, distantes de quelque 2 km, au cœur de la formation. Elles sont plus rapprochées sur les bords à l'instar de ce que l'on peut observer dans le grand erg saharien.*

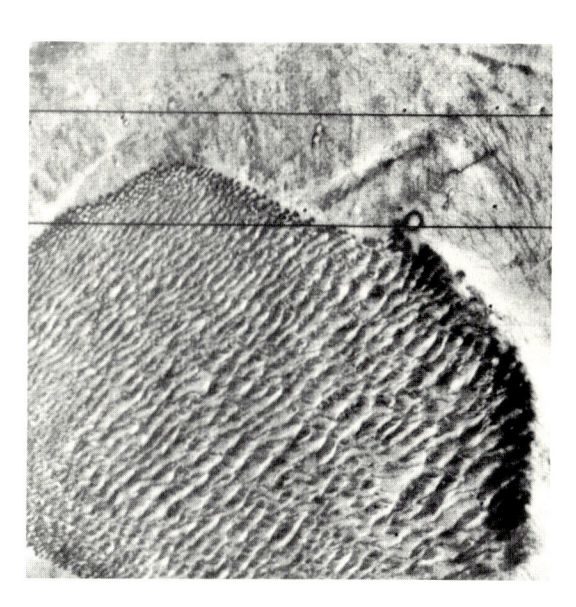

tions gigantesques, la principale zone volcanique étant Tharsis avec d'abord l'impressionnante montagne Olympus Mons, haute de 27 000 m. Ce volcan a un diamètre de 600 km et une cheminée à elle seule large de 70 km. Neuf écoulements sont discernables. A l'est, sur ce même plateau Tharsis, trois volcans alignés sont aussi hauts qu'Olympus Mons : Ascraeus Mons, Pavonis Mons, Arsia Mons.

Très loin de Tharsis, Elysium est également un magnifique volcan avec, sur ses flancs, des traînées faisant découvrir les chemins suivis par la lave, en surface ou en profondeur : si les scientifiques avaient pu dès 1965 voir cette région, de précieuses années auraient été gagnées.

Les clichés de Mariner-9 révèlent une autre forme d'activité, tectonique, avec çà et là des failles ou des effondrements de terrain.

*Par 38° N et 261° de longitude, Alcyonis Nodus est considéré comme un cratère d'impact. Les météorites sont soupçonnées d'avoir parfois joué un rôle dans un amorçage de l'activité des volcans. Si l'on en juge par son aspect — avec un imposant piton central — cette formation fut l'œuvre d'un astéroïde ayant percuté Utopia Planitia.*

# MARS / Le canyon

*Sous une brume matinale, nous découvrons ici de Valles Marineris la partie orientale : Coprates Chasma (4). Dans le prolongement de la formation, le cliché montre en outre la grande dépression constituée par Capri Chasma (2) et Eos Chasma (3) sur laquelle débouche Valles Marineris, avec un fond plat en partie comblé par les multiples éboulements des versants. Gangis Chasma (1) est une autre dépression au nord de Capri Chasma.*

*A l'ouest de Valles Marineris, à proximité immédiate des grands volcans, Pavonis Mons et Arsia Mons, Noctis Labyrinthus est né de l'événement Tharsis : c'est un incroyable enchevêtrement de canyons dont ce cliché fait voir le secteur occidental, sous un auroral brouillard givrant.*

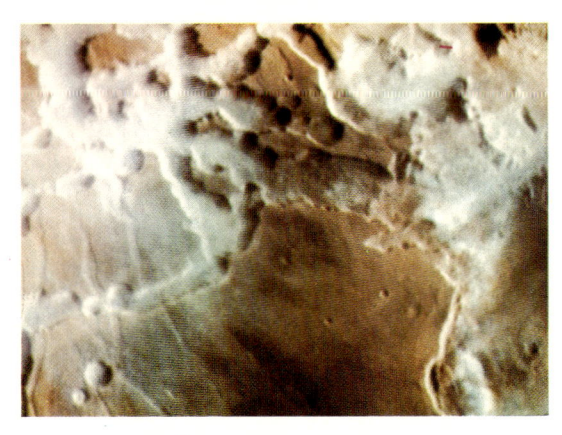

Au niveau de l'équateur en particulier, l'immense canyon qu'est la vallée Marineris court sur quelque 3 000 km, montrant une structure étonnamment complexe, de nombreuses arborescences, représentées par de grandes vallées constituant autant de ramifications ; le grand canyon du Colorado serait l'une d'elles.

Et des vallées encaissées découpent en multiples plateaux les terrains qui constituent la région Noctis Labyrinthis.

Y aurait-il un lien entre une telle activité tectonique et le volcanisme de Mars ? Les spécialistes ne manquent pas d'être frappés par une orientation radiale des systèmes de failles à partir de

*Dans le prolongement de Noctis Labyrinthus, la partie ouest de Valles Marineris est constituée par deux canyons parallèles courant d'est en ouest, l'un et l'autre longs de 60 km et profond de 1 km : Tithonium Chasma (au nord) et Ius Chasma (au sud). Les clichés ci-contre nous montrent — et la comparaison apparaîtra éloquente quant au gain dans la qualité des images — cette région photographiée par Mariner-9 puis, depuis 4 300 km, par Viking-1, cinq ans plus tard.*

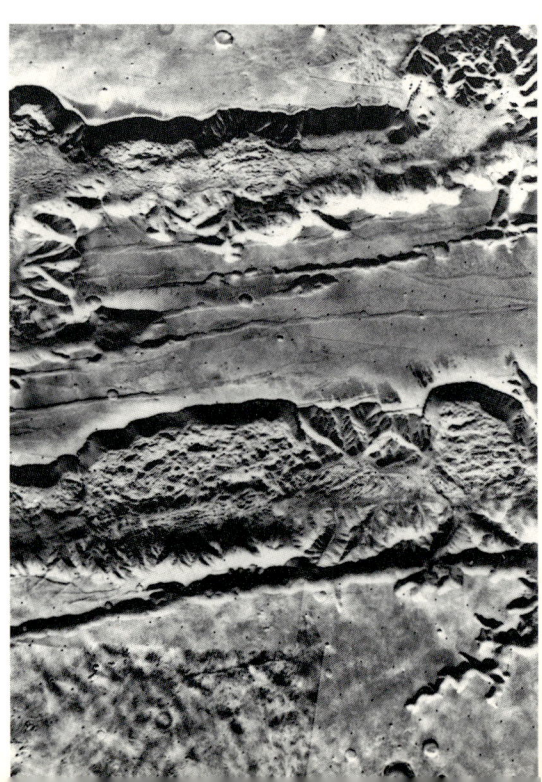

*Gros plan de la partie occidentale de Valles Marineris avec la dépression dite Tithonium Lacus sur laquelle débouche Tithonium Chasma et Ius Chasma (3). Le ravinement de ses bords évoque le ruissellement. Cette dépression et Ius Chasma (3) se trouvent dans la brume, comme sont couverts de brume et de plaques de condensation la partie (1) de Noctis Labyrinthus visible en bas à gauche et le cratère Oudemans (4) d'origine météoritique. Les fractures présentent une direction perpendiculaire aux contraintes dues à la formation du dôme Tharsis et c'est dire qu'elles naquirent non pas en même temps que ce dôme, mais consécutivement aux changements que, dans cette partie de la croûte martienne, sa présence induisit.*

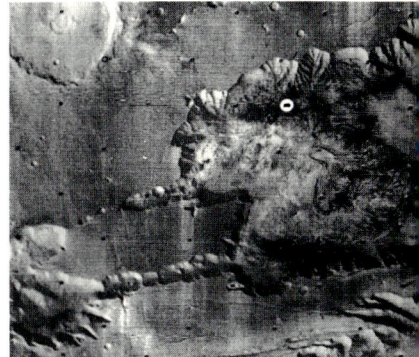

*Nous sommes ici par 5° S et 77° de longitude à l'aplomb de Tithonium Fossa vue par Mariner-9, cette sonde ayant envoyé des images à haute résolution sur lesquelles sont découverts des détails de 100 à 200 m. Les parois de cette fosse montrent des structures étonnantes qui pourraient découler tout à la fois d'éboulements physiques et d'une érosion par une action de l'eau.*

Tharsis, et ils envisagent l'hypothèse d'un plateau soulevé par le volcanisme ; des cassures de l'écorce martienne auraient produit ces failles. Mais cette explication sera rejetée après analyse des clichés transmis en 1976 par les sondes Viking dont les compartiments orbitaux se satellisent autour de Mars afin de poursuivre les investigations de Mariner-9 avec des instruments plus performants.

Leurs images, sur lesquelles, cette fois, des détails de 8 m sont visibles, entraînent la conviction qu'en réalité le plateau Tharsis naquit non de matériaux fluides, originaires de l'intérieur de Mars, qui auraient soulevé les terrains, mais d'un amoncellement de laves déversées par les cheminées volcaniques. Recouvrant le sol, elles en élevèrent l'altitude, exerçant une pression accrue sur la lithosphère qui de ce fait se trouva fragilisée sur une grande étendue. A son effondrement — générateur des failles apparues à partir de Tharsis — pourrait être imputée la fusion d'une eau recelée dans le sous-sol sous forme de glace.

De précieuses indications sont apportées sur le sort de l'eau martienne par recoupement des photographies recueillies respectivement par les compartiments orbitaux des Viking et par leurs « landers ».

Ainsi sont appelés les modules qui, détachés de ces engins, se posent à la surface de Mars respectivement le 20 juillet 1976 dans Chryse Planitia (Viking-1) et le 3 septembre 1976 dans Utopia (Viking-2). Ils confirment que, sur Mars, l'eau et le dioxyde de carbone existent à l'état fluide ou solide selon la température, la première se congelant à 0 °C, tandis que (sous 7 mb) le gaz carbonique devient solide à − 125 °C, une température qui sera atteinte en certaines régions où, de ce fait, l'atmosphère se solidifiera localement. C'est là une situation sans équivalent sur la Terre où l'on imaginerait mal un froid vif au point de solidifier l'air.

En fait, c'est sur une large partie de la planète

# MARS / Où l'eau est-elle passée ?

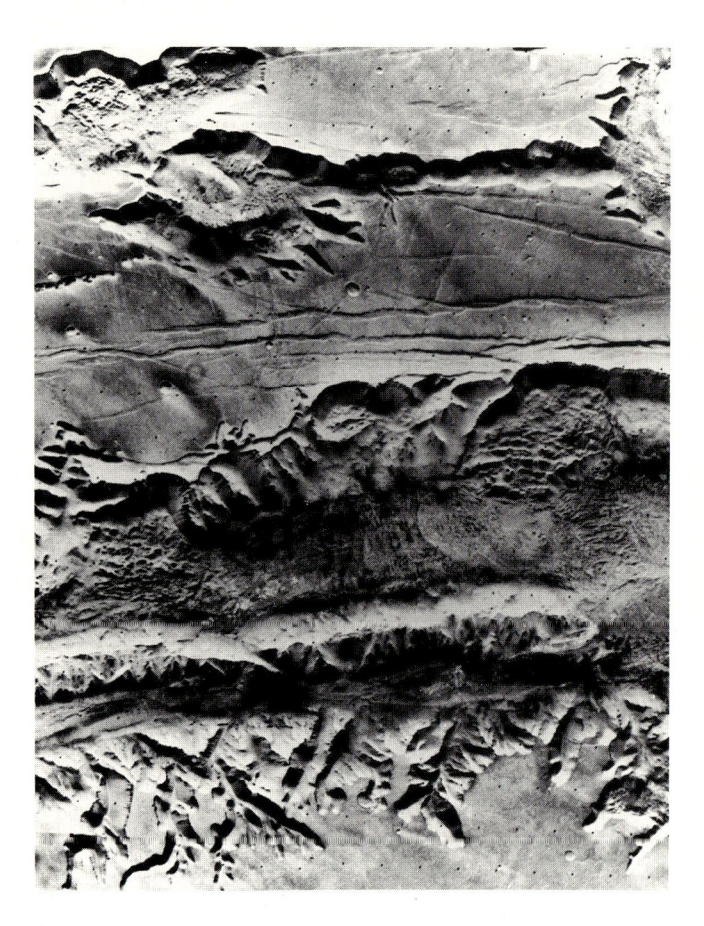

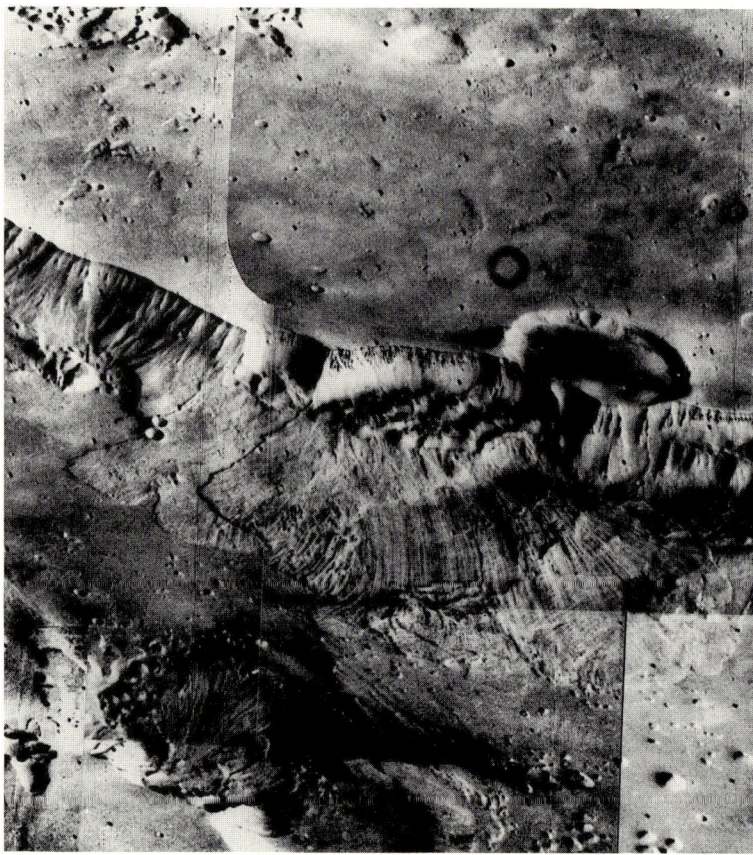

*Créée à partir de photographies recueillies le 23 août 1976 par Viking-1 depuis quelque 4 200 km, cette mosaïque présente les détails de Ius Chasma. On est frappé, là également, par l'aspect de la paroi inférieure, le plateau se trouvant découpé à la base par une série de canaux dans la formation desquels sont soupçonnés tout à la fois un lent mouvement de débris rocheux vers le bas des collines au fur et à mesure de la fonte des glaces et une érosion due à la circulation d'eau.*

*En haut à droite, Viking-1 a, le 3 juillet 1976, photographié dans Gangis Chasma, ces trois spectaculaires éboulements dont l'étendue se mesure en kilomètres.*

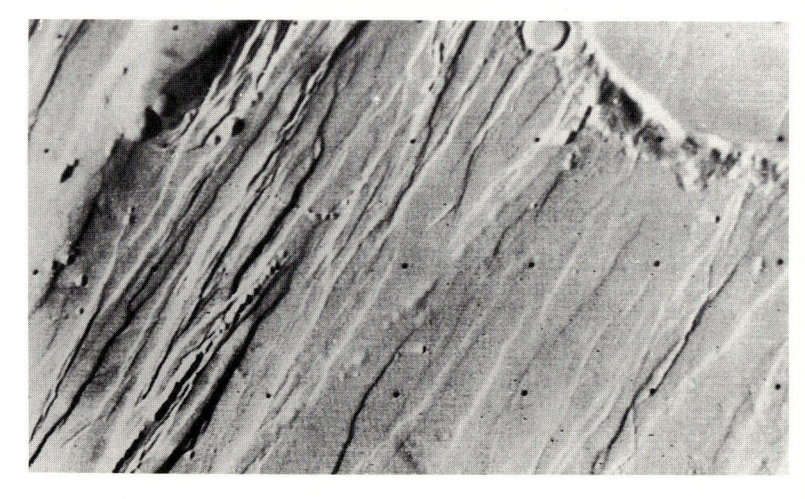

*Ci-contre à droite, Tantalus Fossa, en bordure de la zone volcanique Alba Patera.*

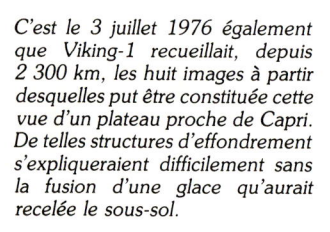

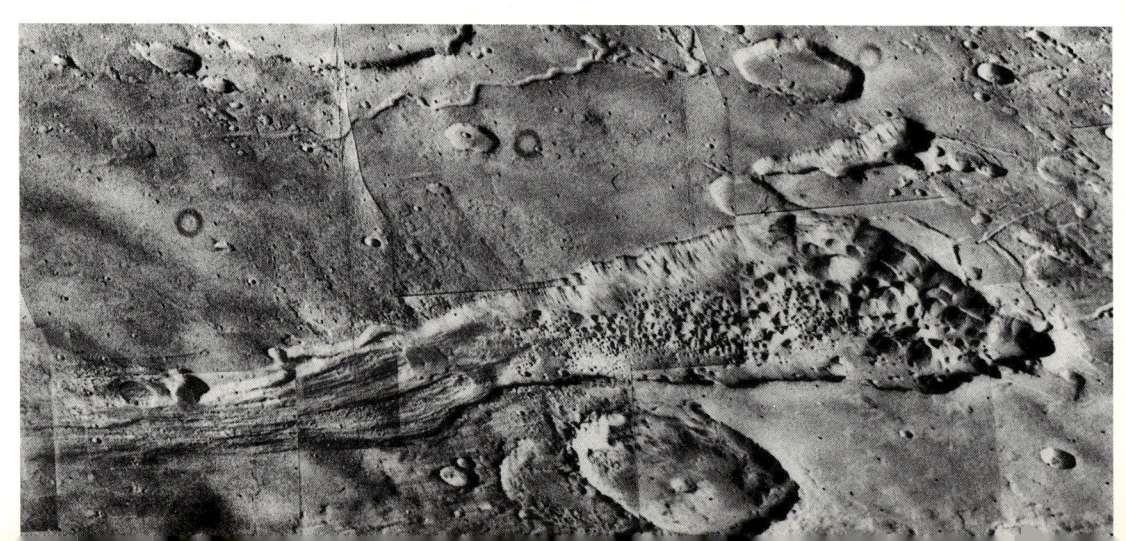

*C'est le 3 juillet 1976 également que Viking-1 recueillait, depuis 2 300 km, les huit images à partir desquelles put être constituée cette vue d'un plateau proche de Capri. De telles structures d'effondrement s'expliqueraient difficilement sans la fusion d'une glace qu'aurait recelée le sous-sol.*

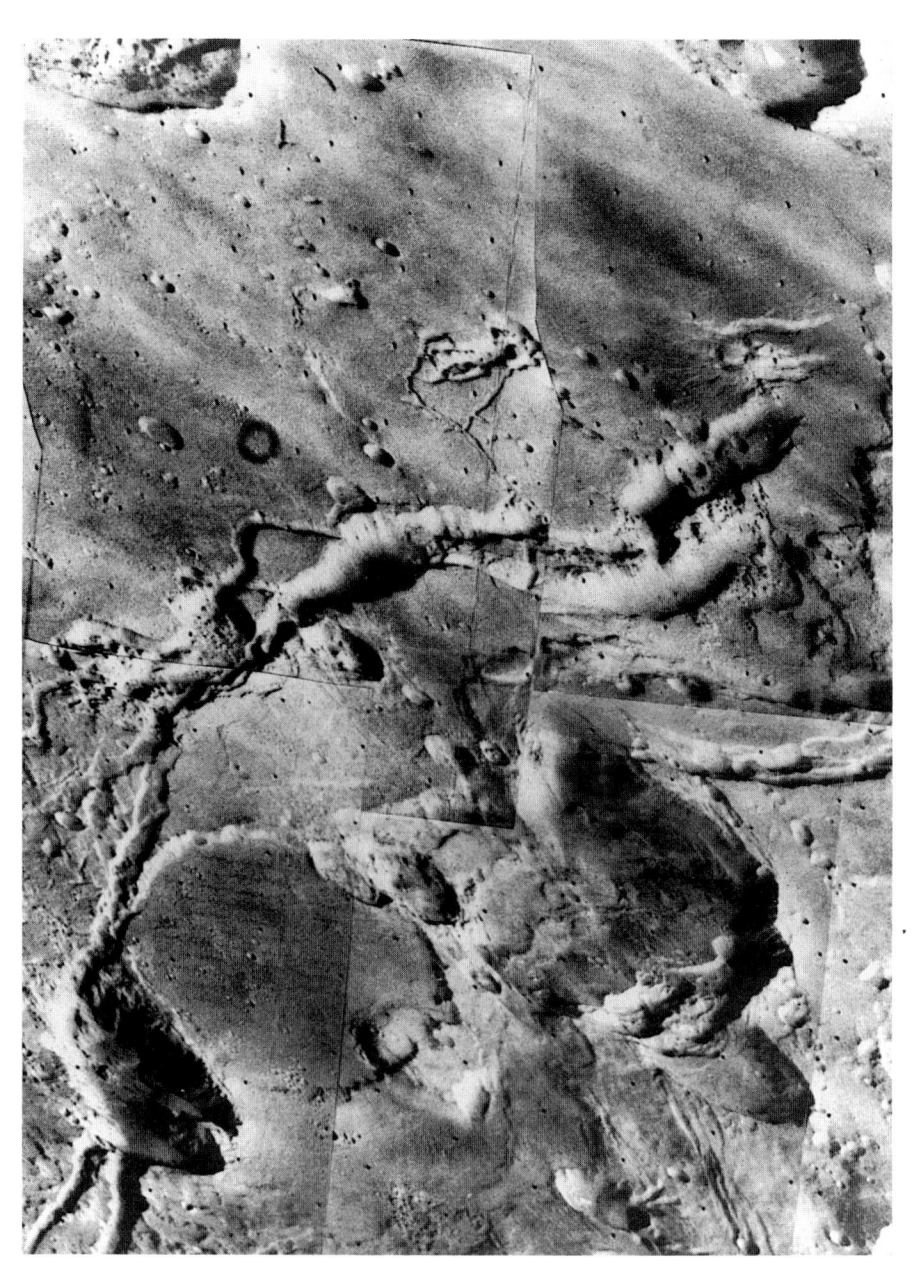

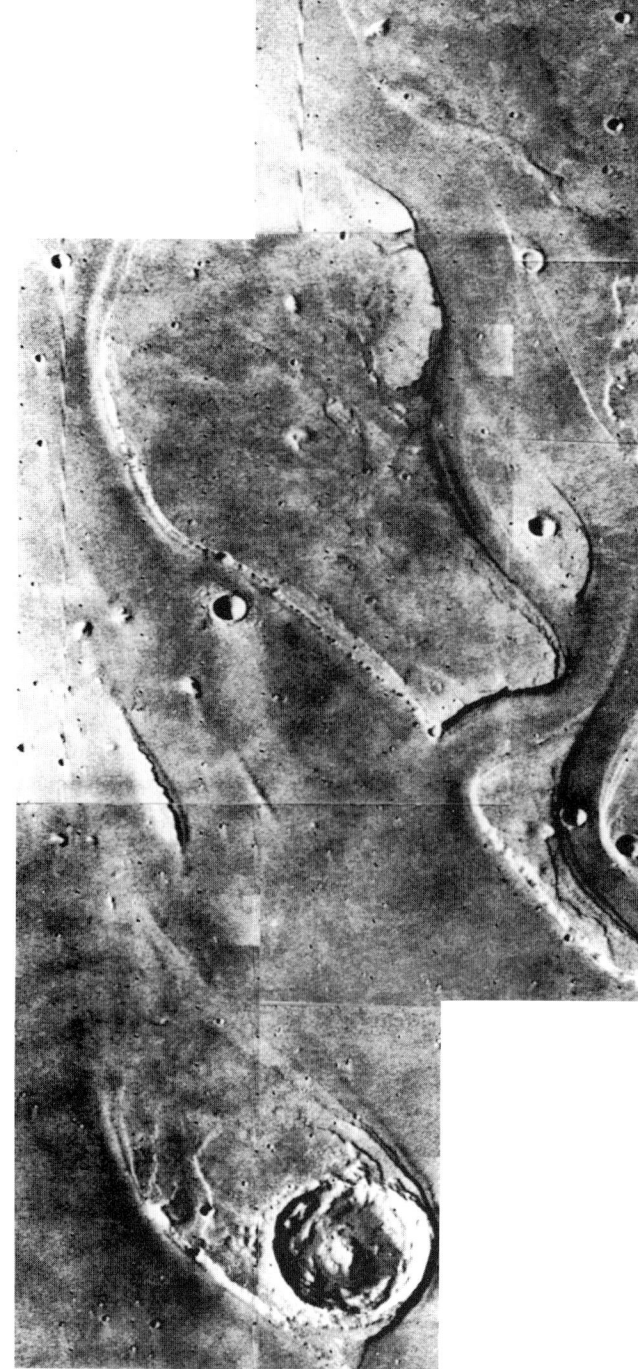

que durant l'hiver, au petit matin, sont enregistrés des froids de − 125 °C générateurs de plaques de givre.

Mais tout naturellement, le processus joue au premier chef dans les régions polaires et l'on est conduit à s'interroger : la glace des calottes martiennes est-elle d'eau ou de dioxyde de carbone ?

Or c'est une question piège, en ce sens que la situation n'est pas la même selon les pôles. Alors que la calotte boréale est faite de glace d'eau — c'est une banquise présumée épaisse de 1 km — la calotte australe est recouverte par du dioxyde de carbone gelé.

Pourquoi ? A l'excentricité de l'orbite martienne — au fait que les saisons sont peu marquées dans l'hémisphère nord, mais au contraire très accusées dans l'hémisphère sud — il faut

*Trois manifestations de l'eau martienne sont, dans cette page, mises en évidence, avec d'abord des glissements de terrain imputés à des mouvements de grandes masses d'eau (ci-dessus).*

*En haut à droite, six photographies de la partie est de Chryse Planitia montrent l'action d'eaux courantes dans les régions des cratères Libertad et Shawnee.*

*Ci-contre, enfin, le cratère Yuti (18 km de diamètre) d'origine présumée météoritique a été photographié depuis 1 877 km par Viking-1 : il est au centre d'un grandiose jaillissement de boue.*

# MARS / Comme si vous y étiez

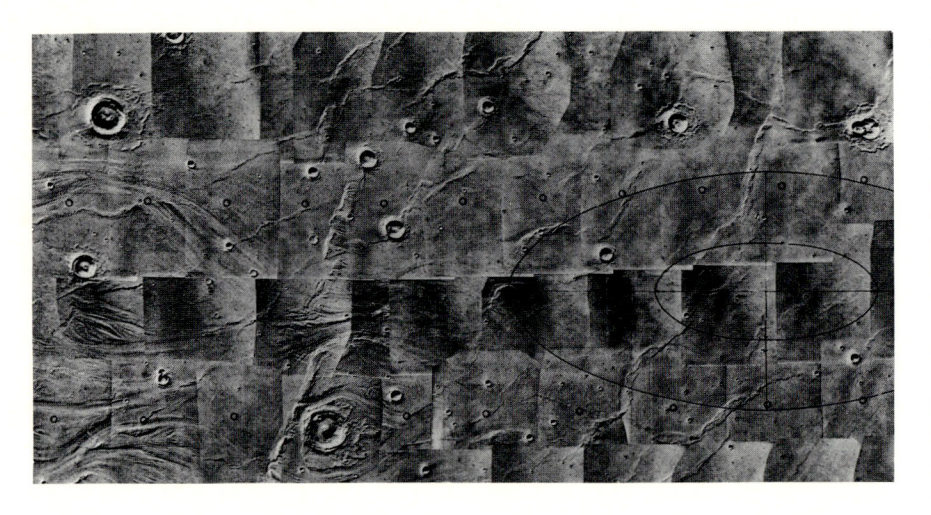

*Couverte de canaux, cette région se trouve à environ 3 000 m en dessous du niveau moyen de la planète Mars, dans Chryse Planitia. Le centre de l'ellipse se situe par 22,4° N et 47,5° de longitude : à la recherche d'un site pour son compartiment d'atterrissage, Viking-1 a transmis le 9 juillet 1976 la collection d'images à partir desquelles cette mosaïque a été produite.*

demander la raison de cette dissymétrie venue déjouer toutes les prévisions. Sur la durée d'une année martienne, la distance Soleil-Mars varie en effet entre 205 et 249 millions de kilomètres, le maximum étant atteint lors de l'été boréal. Ainsi, l'hémisphère nord est loin du Soleil au moment où les journées sont les plus longues. Inversement, en hiver, tandis que les journées sont courtes, on se trouve plus près du Soleil dont on reçoit un rayonnement plus intense. Ceci compense en partie cela de sorte qu'il fait à peine plus froid qu'en été, les températures tombant à des valeurs qui autorisent la congélation de l'eau, mais pas celle du dioxyde de carbone.

Au contraire, dans l'hémisphère sud, les étés sont chauds puisque l'époque des jours longs coïncide avec le plus grand rapprochement du Soleil, tandis que les hivers sont glaciaux. Dans les régions polaires, la température reste, des mois durant, inférieure à $-125$ °C si bien que la quantité de dioxyde de carbone qui se solidifie ne sera pas loin de représenter le tiers de la masse atmosphérique. Il en résulte une baisse de pression mesurable sur toute la planète ainsi que l'ont vérifié, deux années martiennes durant, les sondes Viking. Pendant l'hiver austral, le dioxyde de carbone devient au pôle une calotte dont l'épaisseur dépasse 20 cm...

Telle est du moins la situation actuelle. Car l'axe martien pivote lentement par rapport à l'espace, effectuant sa révolution en 50 000 ans. Ainsi, il y a 25 000 ans la situation était inversée et elle le sera à nouveau dans 25 000 ans : les forts contrastes de saison se situeront dans l'hémisphère nord. C'est la calotte australe qui sera de glace d'eau et la calotte boréale de dioxyde de carbone gelé.

A long terme, on prendra encore en compte les variations d'excentricité de l'orbite martienne. Tous les 900 000 ans elle devient quasiment nulle, avec entre-temps une valeur maximale dont, à l'heure présente, elle n'est pas très éloignée. Cependant, la distance moyenne Soleil-Mars reste toujours voisine de 225 millions de kilomètres, soit une fois et demie la distance Terre-Soleil, Mars recevant de ce fait du Soleil 2,25 moins d'énergie que la Terre, avec pour conséquence une température moyenne de $-40$ °C, les pointes étant rares au-dessus de 0 °C et exceptionnelles au-dessus de $+15$ °C.

*Tel se présenta le paysage de Utopia Planitia (par 48° N, 225,7° W) découvert depuis le sol de la planète par Viking-2 le 3 septembre 1976 après que Viking-1 se fut (dans l'hémisphère nord également où allait débuter l'été) posé le 20 juillet 1976 dans Chryse Planitia (par 22,3° N et 48,0° W). Sur le capot de l'engin le drapeau fournit une mire colorimétrique. Le sol doit sa teinte, évoquant la rouille, à une abondance relative du fer. Et c'est à l'action des vents soufflant dans l'atmosphère que doit être imputée la couleur saumon du ciel. Des pierres sont visibles en grand nombre : elles seraient venues dans cette plaine au temps où de grandes masses d'eau liquide charriaient des blocs rocheux.*

Même alors, il n'y a pas d'eau liquide à la surface de Mars où les basses pressions de l'atmosphère incitent la glace à directement se transformer en vapeur, la phase liquide étant court-circuitée tandis que la vapeur d'eau est rare dans l'atmosphère martienne où sa proportion est estimée à 0,03 %. Cela représente beaucoup en valeur absolue : quelque 10 milliards de tonnes pour l'ensemble de la planète.

Même s'il y a 10 % d'eau dans la couche superficielle de Mars, celle-ci est plus sèche que le plus sec des terrains terrestres par la plus extrême sécheresse, la surface martienne étant largement couverte d'une poussière que les vents emportent.

Soufflent en effet sur Mars des vents dont on sait aujourd'hui qu'ils sont très violents en raison tout à la fois de grands écarts de température et de la dépression gigantesque résultant de la solidification au pôle d'une partie de l'atmosphère martienne. La faible densité de celle-ci lui vaut en outre une inertie réduite qui ajoute à son agitation.

Ces vents ont, par endroits, accumulé la poussière sur des rochers ou créé des champs de dunes. En maintenant des poussières en suspension dans l'atmosphère, ces vents donnent également au ciel martien la couleur rose saumon que confèrent au sol des composés ferrugineux, les poussières en question constituant autant de noyaux de condensation : un cycle de poussières se greffe ainsi sur les cycles de l'eau et du dioxyde de carbone. Ce sont, dans ces conditions, des glaces sales qui se déposent aux pôles, et abandonnent leurs poussières — celles-ci constituant une couche de quelque 0,3 mm — lorsqu'au printemps elles retournent dans

*Le 9 octobre 1976, un objet repose sur le sol martien aux côtés de Viking-2. C'est la coiffe protectrice du bras articulé. A sa gauche, le sol apparaît encore intact ; les deux images ci-dessous nous montrent le même terrain après creusement d'une tranchée et un début d'effacement de celle-ci.*

*Les traces blanches visibles sur ce cliché recueilli à la mauvaise saison nous montrent l'apparition d'un givre. La vapeur d'eau présente dans l'atmosphère s'est condensée sur des particules micrométriques en suspension qui se sont recouvertes de neige carbonique. Alourdies, elles se sont, la nuit, déposées sur le sol : le jour le rayonnement solaire sublime le dioxyde de carbone laissant des plaques formées d'une glace tout à la fois sale et cohésive, dont la couleur révèle la poussière ayant servi de vecteur. 547 jours plus tard, le givre a disparu, le sol ayant retrouvé son aspect habituel. Sur Mars où l'année dure 687 jours (le solstice d'été austral se situant 37 jours après que la planète est passée par son périhélie), l'été est revenu en juin 1978 puis en avril 1980, deux cycles complets, identiques, ayant pu être parfaitement suivis par les Viking.*

# MARS / A la recherche de la vie

*C'est ici la première photographie de la surface martienne prise, par Viking-1, 25 s après son atterrissage à 13 h 53 le 20 juillet 1976. Le centre du cliché se trouve à 1,4 m de sa caméra n° 2 ; celle-ci s'est mise automatiquement en marche pour photographier le sol à proximité du pied n° 3. On voit des poussières — présumées transportées par le vent — et des pierres aux arêtes vives, la plus grosse mesurant 10 cm. Le balayage, vertical, était assuré sur la base de 517 points par ligne.*

*Sur le site Viking-1, le rocher « Big Joe » (3 m environ) est ici représenté photographié avec un Soleil haut, donnant l'impression d'une masse ensevelie sous du sable, puis avec un Soleil bas sur l'horizon générateur d'ombres révélant l'arrêt — tant pour « Big Joe », que pour la multitude des pierres proches — des poussières que le vent a chassées.*

l'atmosphère. Ainsi s'expliquent les auréoles, suivant le cycle de 50 000 ans d'inversion des pôles, que permet de contempler la photographie des régions australes.

Si aujourd'hui aucune eau ne coule à la surface de Mars, persuadons-nous qu'il en alla différemment dans le passé.

Les clichés recueillis depuis une orbite martienne montrent en effet de nombreuses traces d'écoulement — et notamment dans Mare Erythreum le lit d'un ancien fleuve — remontant à une époque où, sans doute, l'atmosphère martienne était beaucoup plus épaisse. Les images collectées par les Viking à la surface de Mars ne sont pas moins révélatrices, faisant voir des terrains jonchés où de multiples pierres cassées doivent être regardées comme autant de débris de blocs que charia un fleuve.

C'est pendant peut-être 2 milliards d'années qu'une eau liquide subsista sur Mars et cela laisse rêveur : au sein de nos océans la vie ne se manifesta-t-elle pas bien avant la fin du premier milliard d'années ayant suivi la naissance de la Terre ? Quelque forme de vie martienne n'aurait-elle pas connu un certain développement avant de disparaître ?

Les Viking étaient munis de détecteurs de vie. Tel avait été le nom donné à des instruments conçus pour mettre en évidence certaines manifestations des êtres vivants, dont leur propriété d'absorber des substances et de modifier la composition des gaz dans une enceinte. Ces appareils ont révélé une activité étonnante du sol martien, mais une activité apparemment de nature chimique, peut-être due à des superoxydes, un fait troublant étant la quasi totale absence de composés carbonés à la surface de Mars.

On se demande où est allée l'eau martienne dont on ne saurait admettre une évasion totale dans l'espace.

En ce qui la concerne, une explication vient à l'esprit rejoignant les réflexions ci-dessus.

Sur notre planète, il est bien connu que la masse des eaux souterraines est très supérieure à celle des eaux douces de surface.

Mais sur Mars où la température moyenne du sol est voisine de $-40$ °C, on doit imaginer, sur plusieurs kilomètres dans le sous-sol, des températures inférieures à 0 °C de sorte que l'eau s'y

*Nous voyons, prêt à l'action, le bras télescopique (il pourra prendre une longueur de 3,53 m) dont Viking-1 a été doté pour creuser dans le sol martien des tranchées. Les échantillons seront introduits dans les détecteurs de vie et, en outre, ils seront étudiés chimiquement au moyen d'un spectromètre à fluorescence (qui irradiera ces échantillons par du fer 55 et par du cadmium 109 pour analyser le rayonnement X dont ils seront alors créateurs) et d'un spectromètre chromatographique afin de révéler la structure des grosses molécules. Aucune trace de carbone ne sera relevée.*

*Ci-dessous, les « courants de vents de sable » observables sur le cliché, juste devant Viking-2, témoignent qu'aujourd'hui, sur Mars, l'érosion est éolienne.*

trouverait gelée sous la forme de « permafrosts ». Non seulement il ne saurait y avoir d'écoulement, mais la glace jouerait sur Mars le rôle d'un matériau de structure.

Elle le jouerait toutefois de façon discrète, avec parfois des défaillances. Que le sous-sol se trouve localement porté à une température supérieure à 0 °C en raison par exemple d'une activité volcanique, et la glace viendra à fondre tandis que, privé de son matériau de soutien, le sous-sol s'effondrera, ce processus étant soupçonné d'avoir joué un rôle direct dans la tectonique martienne : la naissance de Valles Marineris lui est imputée.

Qui nous contera cette histoire du sous-sol martien ? Ce sont des spéléologues, en vérité, qui devront aller explorer la planète...

*Et c'est ici à un lever du Soleil sur la planète Mars que nous assistons. Comme sur la Terre, mais avec des jeux de couleurs différents, l'astre du jour commence par illuminer l'atmosphère avant d'apparaître au-dessus de l'horizon. L'œil de l'homme verra cela : demain, le vol piloté vers Mars sera la grande aventure à partir des cosmoports qu'offriront les stations orbitales.*

# MARS / *PHOBOS et DEIMOS, frères ex-siamois ?*

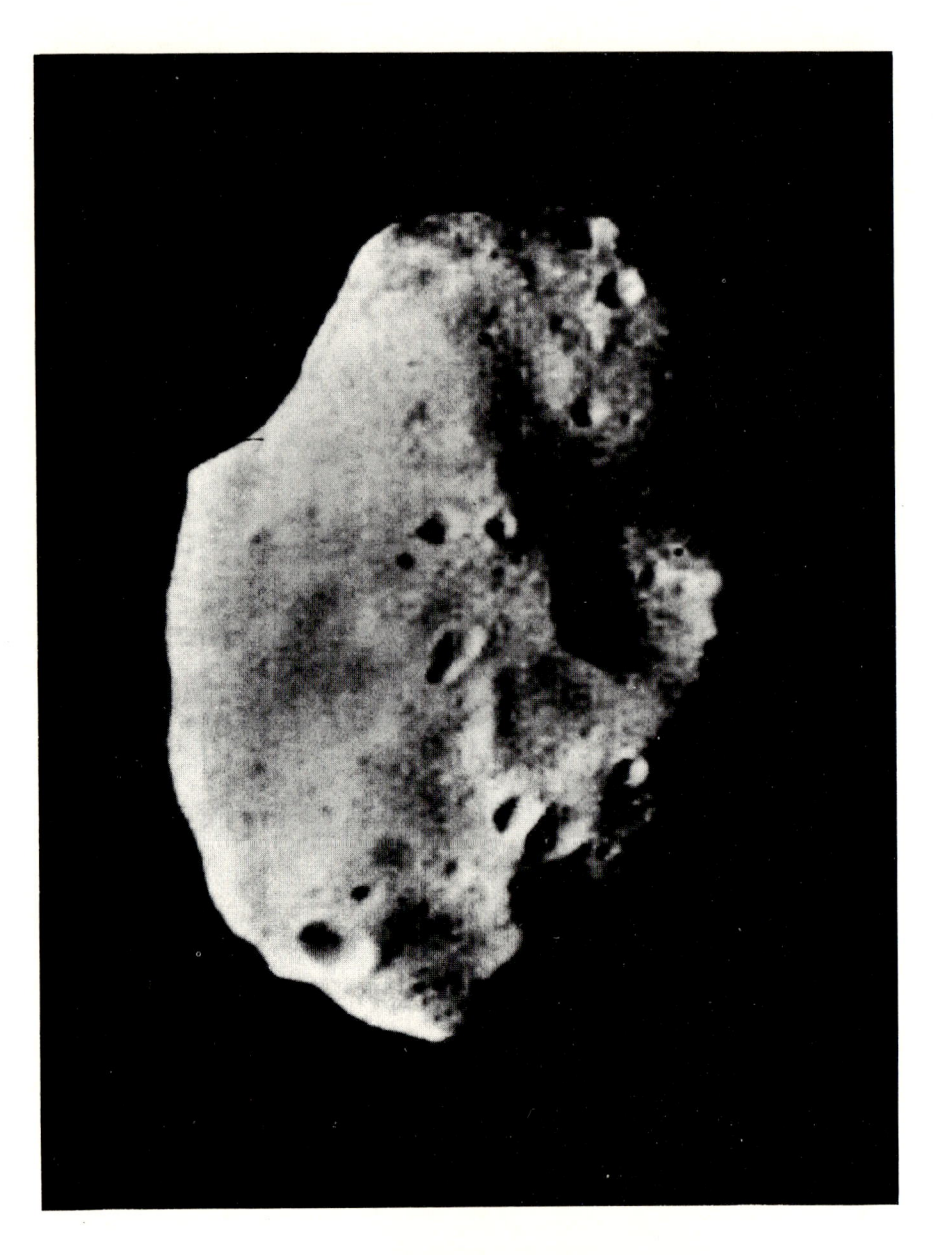

Avant qu'Asaph Hall ne les découvre, à Washington, lors de la mémorable opposition de 1877, Swift et Voltaire les avaient chantés...

Ces étranges satellites de Mars ne cessent de s'en rapprocher. A 5 980 km seulement de son équateur, Phobos (qui percutera la planète dans 30 millions d'années) effectue ses révolutions en 7 h 39 : cela lui vaut un mouvement rétrograde dans le ciel martien. Et c'est en 30 h 17 que Deimos se meut à 19 100 km de la planète.

Au moins aussi déconcertante apparaîtra leur très petite taille. A l'ère spatiale, des mesures sont possibles avec les Mariner et surtout les Viking. Viking-1 passe à 120 km de Phobos : les clichés montrent, cabossé en tous sens, un « patatoïde » de 27 km × 21 km × 19 km dont le grand axe est pointé vers Mars. Et c'est à 60 km seulement de Deimos — un monde mesurant 15 km × 12 km × 11 km — que Viking-2 peut passer, découvrant un satellite lui-même stabilisé par le gradient de la gravité martienne.

Les surfaces de ces objets sont criblées de cratères, à saturation sur Phobos. L'un d'eux — Stickney — a un diamètre de 8 km : une telle dimension est considérable pour un monde aussi petit. Sans doute, la percussion ne fut-elle pas loin de briser Phobos ; en témoignent de nombreuses stries imputées à des fissures que la violence du choc aurait créées. Particulièrement étonnantes apparaissent encore des chaînes de petits cratères peut-être dus, consécutivement à des impacts, à des retombées de matériaux après que ceux-ci soient, pendant un temps, restés satellisés autour de Mars.

Le taux de cratérisation instruit sur l'âge de ces satellites, voisin de 3 milliards d'années. Mars aurait pu capturer deux astéroïdes, sinon un seul, qui aurait été brisé.

Cette thèse d'une origine commune aux deux satellites de Mars est confortée par leur identité

*Phobos vu par Viking-1 depuis 3 700 km. L'échancrure, à gauche sur le limbe, correspond au cratère Stickney (nom de jeune fille de l'épouse d'Asaph Hall dont l'obstination permit à l'astronome de découvrir Phobos le 11 août 1877, et Deimos six jours plus tard).*

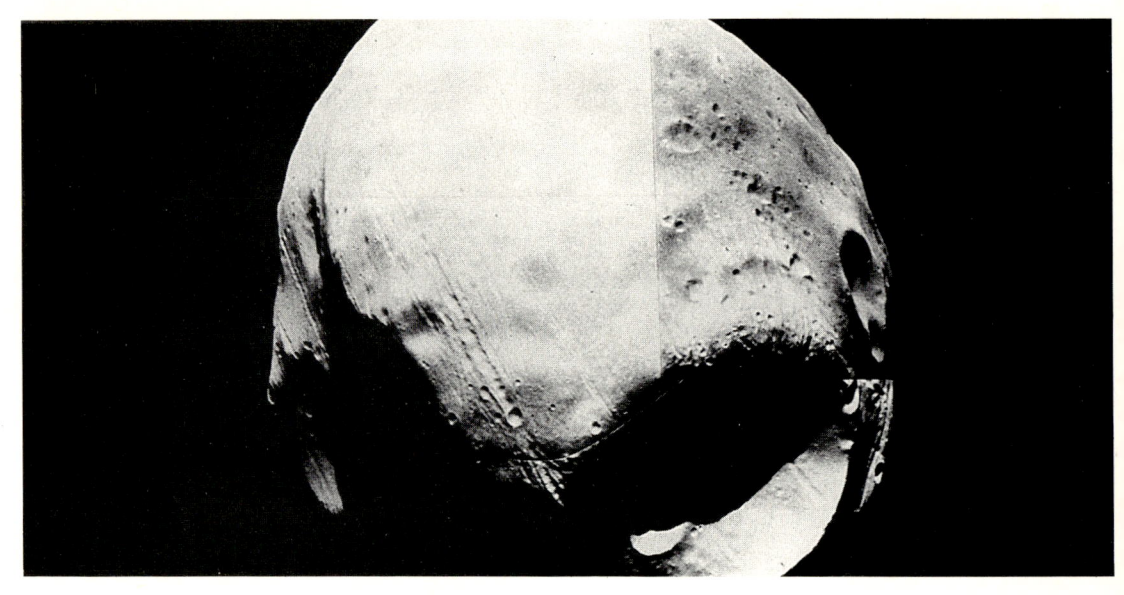

*C'est depuis 612 km seulement que Viking-1 a recueilli ce gros plan faisant voir, à gauche de Stickney, des stries parallèles dont la largeur dépasse 100 m, leur profondeur étant estimée à une vingtaine de mètres.*

de nature. A partir de la trajectoire des Viking, déformée à leur voisinage, la masse de Phobos et Deimos a en effet pu être calculée et elle s'est révélée plus faible que prévu, ces objets ayant une densité voisine de 2, comme si leur substance était celle des chrondites : ainsi sont dénommées des météorites carbonées primitives à base de matériaux légers et d'eau.

Une telle constitution expliquerait la très faible luminosité de ces mondes, les plus sombres de tout le système solaire sur lesquels, outre des cratères, trois sortes de terrains ont été décelés, présentant respectivement des sillons et dépressions allongés, des structures relativement brillantes, des crêtes.

Entre Phobos et Deimos, des différences peuvent être relevées. Le second apparaît plus lisse avec moins de cratères visibles, cela probablement parce que des poussières arrachées lors d'impacts retombèrent sur sa surface ; elles constituent un régolite épais peut-être de 10 m, qui estompe les petits cratères. Un tel mécanisme n'a pas joué de la même manière sur Phobos, la proximité de Mars ayant largement dispersé la poussière qui en émanait.

Le caractère apparemment très primitif de Phobos et Deimos explique l'immense intérêt que les scientifiques attachent à ces objets. Il s'est traduit, à l'instigation des Russes, par un grand programme international, l'envoi d'une sonde étant prévu en juillet 1988 pour une satellisation autour de Mars en février 1989 sur une orbite qui sera progressivement rapprochée de Phobos. Elle devra alors se maintenir à une cinquantaine de mètres de ce monde pour le sonder au radar et déterminer la constitution de son sol par spectrométrie grâce à une excitation au laser. Cette sonde fera enfin arriver deux paquets d'instruments scientifiques à la surface de Phobos, les activités du véhicule spatial étant prévues pour durer jusqu'à octobre 1989.

*Deimos a, pour sa part, été observé par Viking-2, aucun autre corps céleste n'ayant, en dehors du système Terre-Lune, été photographié depuis une distance aussi faible. Les deux images ci-dessus montrent la même surface de 2,2 km × 2,2 km sur lesquelles apparaissent cratères, rochers et débris. Les plus petits détails mesurent 3 m : vous verriez un module lunaire qui se serait posé à sa surface. A gauche les contrastes sont idoines pour montrer le régolite présumé épais de 10 m, dont Deimos est recouvert et dans lequel nombre d'objets doivent être ensevelis.*

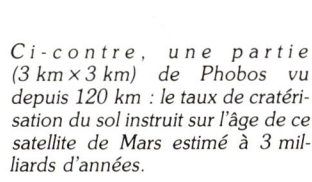

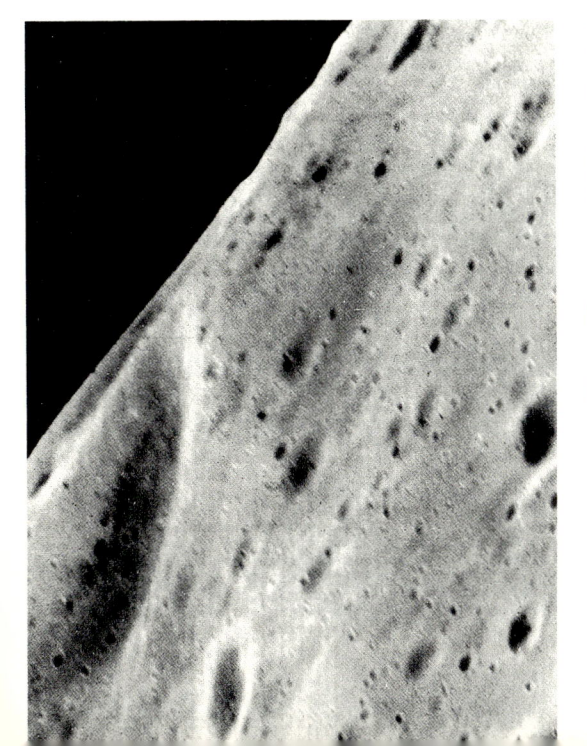

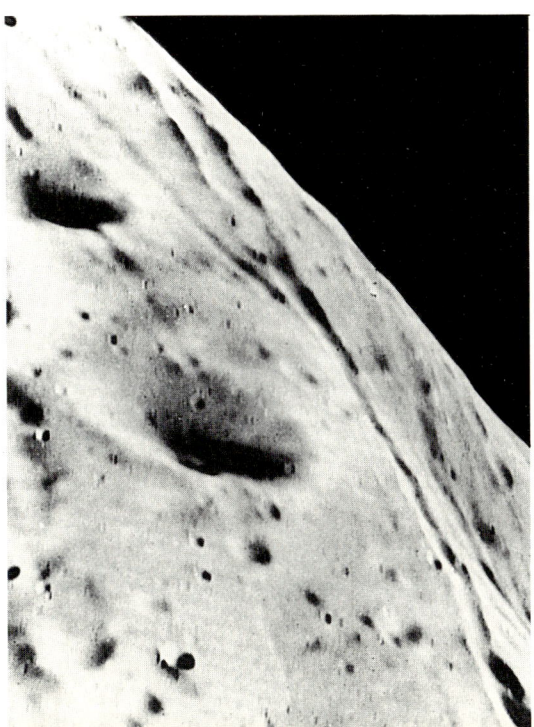

*Ci-contre, une partie (3 km × 3 km) de Phobos vu depuis 120 km : le taux de cratérisation du sol instruit sur l'âge de ce satellite de Mars estimé à 3 milliards d'années.*

*C'est également à Viking-1 que sont dues ces deux images de Phobos. Il s'agit à gauche d'une vue très rapprochée : les plus petits détails mesurent quelques mètres. A droite, sur une surface couvrant 3 km × 3,5 km, les deux plus importants cratères ont 0,9 et 3 km de diamètre, les plus petits 10 m. Le gros plan d'une strie permet d'en discerner la structure.*

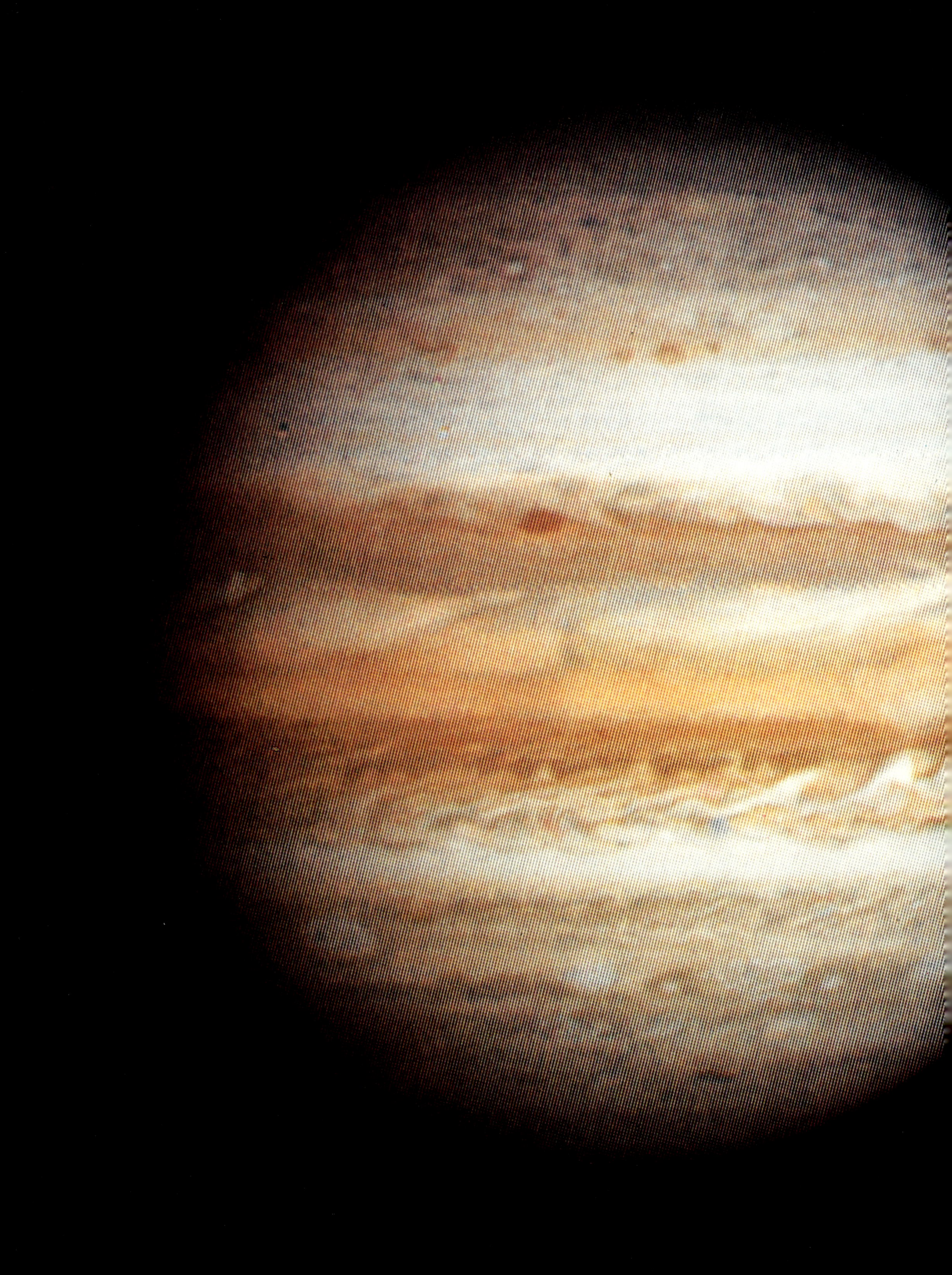

# JUPITER
## et ses satellites

# JUPITER / Une fausse étoile

Des siècles durant, Jupiter est restée pour les astronomes l'imposante boule fluide aplatie sur laquelle, parallèlement à l'équateur, alternent bandes sombres et zones claires aux riches couleurs, avec dans l'hémisphère sud, une « tache rouge » — signalée dès 1664 par Robert Hooke — dont le mouvement révèle une rotation de la planète en moins de 10 heures.

Le XXᵉ siècle voit dans cet objet géant une étoile ratée, née d'une condensation de la nébuleuse primitive suffisamment importante pour que sa contraction lui ait peut-être valu de briller comme une petite étoile, pas assez élevée cependant pour que des réactions thermonucléaires aient pu en son sein se développer.

Le premier véhicule spatial lancé vers Jupiter — depuis Cap Canaveral le 3 mars 1972 — s'appelle Pioneer-10, ce nom de Pioneer désignant une famille de sondes que les Américains ont conçues pour une reconnaissance des espaces lointains.

La mission est double : étudier Jupiter et faire savoir à quelle distance de la planète un véhicule spatial important pourra passer sans danger. Plus faible sera cette distance, plus fins seront les détails observables. Et d'autre part, on pourra mieux profiter de la forte gravitation de Jupiter : elle accélérera les engins pour leur permettre de gagner rapidement, au meilleur compte, le système solaire lointain, voire les espaces interstellaires.

*Après le Soleil, elle gouverne son domaine : sa gravitation met au pas les petites planètes. Et Jupiter est la Parque des comètes. Autrefois, en effet, cette planète géante éjecta à grande distance les blocs de glace nés dans le jeune système solaire : lorsqu'ils reviennent parce qu'une étoile de passage a provoqué leur retombée, c'est pour voir à nouveau Jupiter décider de leur sort, les éjectant derechef ou les piégeant.*

*Sa faible densité (1,34) incita très tôt les astronomes à imaginer ce monde fait d'hydrogène. Les sondes spatiales révèlent sa physionomie en deux étapes dont ces images sont révélatrices. Ci-dessus, Pioneer-10 découvre Jupiter le 3 décembre 1973 avec, sur son disque, l'ombre de Io. Ci-contre, le 1ᵉʳ février 1979, Voyager-1 fait découvrir des détails de 600 km et de très riches couleurs, d'autant plus claires qu'est plus haute la couche nuageuse. La sonde, cependant, est encore à 32,7 millions de kilomètres : elle passera le 5 mars 1979 à 348 890 km de la planète après avoir vu certains de ses secteurs changer d'aspect et l'intensité de ses vents se modifier.*

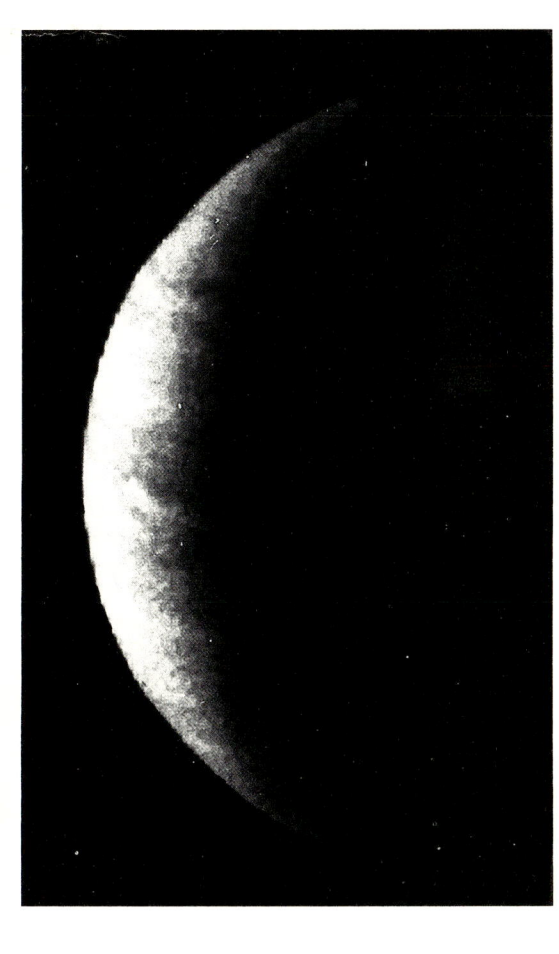

*Vu depuis la Terre, Jupiter ne présente guère de phase car nous observons toujours la quasi-totalité de son hémisphère éclairé : la planète nous voit toujours dans une direction qui est celle du Soleil à quelque 11° près. Leur mouvement conduit les engins spatiaux à découvrir la planète sous tous les angles. Pioneer-10 nous offrit ce spectacle d'un croissant de Jupiter. Bien que pivotant à raison de 4,8 tr/min, stabilisé par effet gyroscopique comme une toupie, Pioneer-10 a obtenu des images bleues et rouges grâce à un jeu de cellules photo-électriques disposées au fond d'un tube dont le champ est de 0,03 degré carré.*

*A Pioneer-11 nous sommes également redevables de cette vision qui, depuis la Terre, nous était interdite : un contemplation de la calotte polaire de Jupiter. Sa physionomie sera corroborée par les simulations faites en laboratoire : dans une sphère en rotation, la circulation des fluides a lieu selon une série de cylindres coaxiaux, chacun ayant son mouvement propre, d'autant plus manifeste que l'on est près du pôle.*

les autres prennent la forme de bandes en raison d'une force centrifuge élevée qui étire les formations, la richesse des coloris étant imputée à une très grande variété de composés.

Forts de l'expérience acquise avec Pioneer-10, les Américains n'hésiteront pas à faire passer sa doublure Pioneer-11 — qui a quitté la Terre le 6 avril 1973 — à 43 000 km seulement de Jupiter le 3 décembre 1974.

Dans une seconde phase, les Voyager-1 et 2, lancés les 3 septembre et 20 août 1977, iront alors reconnaître le système jupitérien avec des techniques incomparablement plus élaborées, ces Voyager étant des engins lourds (808 kg contre 259 kg pour les Pioneer). Un ordinateur commande à leur bord 11 instruments de même nature que ceux montés sur les Pioneer, mais beaucoup plus performants. Surtout, ces Voyager sont stabilisés selon trois axes : ils portent deux véritables caméras, l'une étant munie d'un gros téléobjectif (1 500 mm de focale et un champ de 0,4°). Le gain en qualité d'image atteint 100 par rapport aux Pioneer et 1 000 par rapport aux plus gros télescopes terrestres.

Alors une extraordinaire moisson de documents permet de modéliser Jupiter dont l'histoire est entrevue, les scientifiques étant conduits à présumer l'existence d'un gros bloc rocheux central comme si, dans un premier temps, une planète tellurique était née d'une accumulation de poussières. Mais ayant atteint plusieurs fois la

Le 4 décembre 1973, Pioneer-10 passe à 130 000 km de Jupiter. Un intense flux d'électrons et de protons n'est pas loin de saturer ses instruments, mais la sonde survit très bien. Aucune poussière ne l'a inquiétée : « Nous avions envoyé Pioneer-10 pincer la queue du dragon. Il a fait cela et plus encore, il lui a donné une bonne bourrade », dira le directeur du programme, Robert Kraemer.

Dix instruments ont en effet collecté une riche information. En particulier, un radiomètre infrarouge a révélé que Jupiter crée 1,7 fois l'énergie qu'elle reçoit du Soleil, cela parce que après plus de 4 milliards d'années le refroidissement de son énorme masse n'est pas terminé, une masse dont la trajectoire de l'engin a révélé la valeur exacte : 317,89 fois la Terre.

L'avance du satellite et sa rotation ont permis que la surface de Jupiter soit balayée par un photomètre. Les images font découvrir la complexité de l'atmosphère jupitérienne et elles expliquent la Tache Rouge : c'est un vortex ou si vous préférez un fantastique cyclone qui affecte cette partie de la planète depuis plus de trois siècles. Les clichés confirment en outre que des masses d'air s'élèvent régulièrement dans cette atmosphère en provenance de régions profondes : les zones claires désignent leur ascension alors que les zones sombres sont les fosses dans lesquelles cette matière retombe. Vues de loin, les unes et

# JUPITER / La tache mystérieuse

masse de la Terre, cette protoplanète aurait attiré les gaz, abondants dans cette région de la nébuleuse primitive, et ils auraient alors donné à Jupiter son énorme lot d'hydrogène et d'hélium. Dans l'atmosphère de la planète, les Voyager mesurent un rapport hélium/hydrogène voisin de 0,11 à peine plus faible que dans le Soleil. Les écarts vont dans le même sens pour les rapports carbone/hydrogène (0,00033 au lieu de 0,00035) ou azote/hydrogène (0,000077 au lieu de 0,000083), ces deux derniers chiffres venant corroborer la formation de l'objet à partir d'un noyau de silicates.

Cette atmosphère de Jupiter intéresse au premier chef les astronomes qui voient en elle un grand témoin de la formation du système solaire. A la différence des planètes proches du Soleil dont l'atmosphère actuelle ne ressemble plus

*Vu depuis la Terre, le disque de Jupiter était considéré comme caractérisé par une grande symétrie par rapport à l'équateur avec, de part et d'autre, les mêmes successions de bandes sombres et de zones claires. Les sondes conduisent à amender quelque peu ce point de vue. Ces clichés mettent en évidence la différence d'aspect entre un hémisphère nord (ci-dessus) relativement uniforme avec des bandes et taches — claires et épaisses à moyenne ou haute latitude, foncées dans les régions tropicales — mais aux contours toujours flous et un hémisphère austral (ci-contre) où, même compte non tenu de la Tache Rouge, des formations aux contrastes plus vifs donnent davantage l'impression d'un système organisé. Telle est la considération sur laquelle débouche une observation à moyenne échelle.*

*Comme sur la Terre, la couleur est, dans le monde jupitérien, fille de la chimie: recueilli par Voyager-1 ce gros plan (avec une résolution de 30 km) du cyclone dit Tache Rouge constitue un véritable chromatogramme spatial, les scientifiques s'employant à comprendre les rôles respectifs de l'ammoniac, des hydrocarbures, et des composés soufrés ou phosphorés pour des pressions qui, dans l'atmosphère visible varient de 10 bars à une fraction de bar tandis que les températures se situent entre +80 °C et −460 °C : c'est dans l'atmosphère supérieure où les températures et les pressions sont les plus basses que se situe la grande Tache Rouge.*

*C'est le 13 février 1979 que Voyager-1 a recueilli depuis 28 millions de kilomètres cette photographie montrant une large partie de l'hémisphère sud, notamment la queue de la Tache Rouge, au-dessus d'une zone claire aux remous étonnamment rectilignes. Le hasard a voulu qu'au moment où ce cliché a été pris, Io se trouve entre la Tache Rouge et la sonde tandis qu'Europe apparaît au-dessus d'une bande blanche.*

*Au même titre que dans l'atmosphère terrestre, une tornade vit quelques minutes, une formation orageuse quelques heures, un ouragan quelques jours et un cyclone quelques semaines, ces deux clichés ci-dessous, faisant découvrir la Tache Rouge vue successivement par Voyager-1 et par Voyager-2, donnent une idée des durées météorologiques dans l'atmosphère jupitérienne.*

*Deux caméras de télévision équipent la plate-forme de Voyager. L'une, à large champ, possède une focale de 200 mm. A l'autre une focale de 1 500 mm confère le champ étroit d'un téléobjectif. Et devant chaque caméra un disque autorise le choix entre plusieurs filtres. Ils sont clair, bleu, vert et orange sur la caméra grand angulaire alors que la caméra petit angulaire comporte deux filtres clairs, deux filtres verts et des filtres respectivement violet, bleu, orange et ultraviolet.*

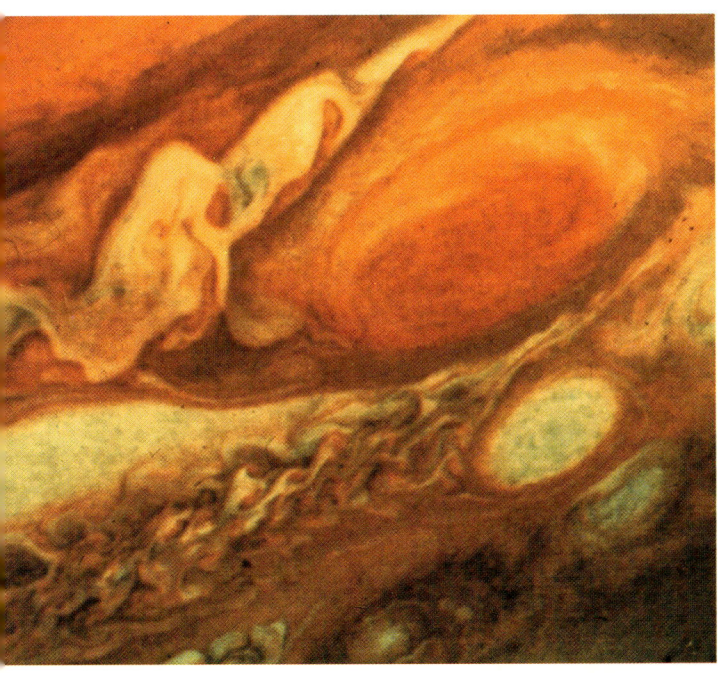

65

# JUPITER / Des anneaux très ténus

*Non loin de la Tache Rouge, nous découvrons sur ce cliché le grand Ovale Blanc. La distance séparant ces deux formations est variable : entre les survols de Jupiter respectivement par Voyager-1 et par Voyager-2, cet Ovale Blanc s'est révélé légèrement moins rapide que la Tache Rouge. Les formations relèvent d'une chimie différente, mais leur physique est la même : dans cet ovale, il faut voir une température anticyclonique.*

guère à l'atmosphère originelle en raison d'une évasion massive entre-temps des éléments légers, on est sûr que, vu l'énormité de sa vitesse de libération, Jupiter a conservé intacte la substance de la nébuleuse primitive, l'engageant toutefois dans des processus violents autant que subtils animés par son énorme masse.

Celle-ci fut en premier lieu génératrice de pressions internes gigantesques : à 63 000 km du centre, sous une atmosphère épaisse de quelque 8 400 km, 2 millions de bars confèrent à l'hydrogène la forme métallique et ce sont 45 millions de bars qui, à quelque 14 000 km du centre, s'exercent sur le noyau central où l'on présume que fer et silicates dominent.

Tel est du moins le modèle cohérent que les scientifiques preuvent proposer à partir de l'ensemble des informations collectées tant par les Pioneer que par les Voyager, étant entendu qu'il a été impossible de voir l'intérieur de Jupiter, ou seulement son atmosphère profonde qu'explorera une sonde larguée par Galileo. Les clichés recueillis par les Pioneer et Voyager montrent la partie transparente de l'atmosphère jupitérienne, celle-ci se réduisant aux 200 km supérieurs, et c'est très peu en regard du rayon de la planète.

Le spectacle est néanmoins révélateur tout à la fois d'une vigoureuse dynamique de l'atmosphère jupitérienne — avec plusieurs jet streams dont un, se déplaçant à 100 m/s — et d'une riche aéronomie.

Dans la partie inférieure de cette atmosphère visible, là où les températures sont voisines de 0 °C et où la pression représente 5 bars (le rayonnement visible et l'infrarouge ne vont guère au-delà), on observe des nuages bruns où apparemment l'eau domine. Un peu plus haut, là où la pression n'est plus que de 2 bars, les nuages sont rougeâtres, peut-être en raison de la présence de sulfure d'ammonium. Les cirrus d'ammoniac constituent une couche opaque à quelque 70 km au-dessus du seuil de visibilité, là où la pression est de 0,5 bar et où probablement les composés phosphorés abondent. La température passe par un minimum (− 160 °C) à 90 km au-dessus du seuil de visibilité pour remonter ensuite dans la stratosphère où l'ammoniac devient rarissime mais où, en revanche, la présence de nombreux hydrocarbures est soupçonnée.

A la partie supérieure des nuages, enfin, une température de − 117 °C, très supérieure à l'équilibre radiatif (− 170 °C), est mesurée, aux pôles comme à l'équateur, en raison de la chaleur qui émane de Jupiter.

Certains clichés — notamment dans les régions polaires — montrent l'atmosphère de Jupiter bleue comme notre ciel : ce n'est pas une illusion d'optique. Le processus pourrait bien être le même, à savoir un effet Rayleigh de diffusion du rayonnement solaire par les gaz constitutifs de cette atmosphère.

Significatifs sont les gros plans de la Tache Rouge dont il est tentant d'attribuer la teinte particulière à des composés phosphorés. On voit la rotation de l'atmosphère à l'intérieur de la tache qui, actuellement longue de 28 000 km, semble en régression. Autour, des vents soufflent dans le sens direct créant de petites taches avec une périodicité de quelque 8 jours et également des tourbillons dont le mathématicien s'emploie à comprendre l'aspect : très instructive apparaît une comparaison des mêmes formations nuageuses observées respectivement en mars 1979 par Voyager-1 et, quatre mois plus tard, en juillet 1979 par Voyager-2.

Et les sondes ont étudié l'espace au large de Jupiter avec des surprises non moins grandes dont la découverte d'un anneau par Voyager-1, à mi-chemin entre la couche nuageuse de la planète et l'orbite d'Amaltée. Cela, le 4 mars 1979. Le lendemain, en scrutant l'hémisphère plongé dans la nuit, la sonde observait une splendide

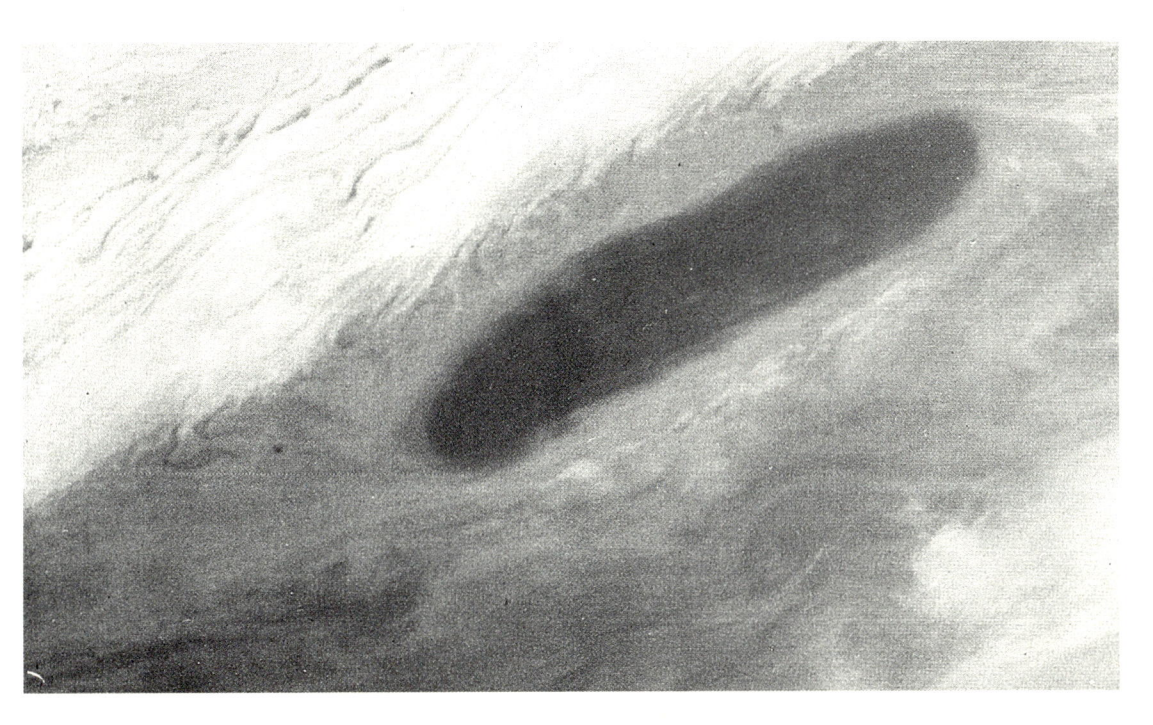

*C'est là une formation de troisième type : une tache brune que Voyager-1 a photographiée entre la ceinture équatoriale de Jupiter et sa zone tropicale nord. Les taches de cette nature seraient non des formations à proprement parler, mais des trous dans l'atmosphère supérieure (claire voire blanche) : à travers elle on verrait l'atmosphère moyenne de la planète dont la couleur est foncée. Les taches brunes présentent la particularité d'être toujours observées par 13° N.*

aurore polaire ainsi qu'une illumination des nuages par des éclairs.

A Voyager-2 est dévolu une étude détaillée de cet anneau. Les scientifiques constatent tout à la fois son étroitesse (50 km) et son accompagnement par un petit satellite, Adrastée, invisible depuis la Terre comme le sont Thébé et Métis eux-mêmes découverts sur les clichés spatiaux.

Porteur d'un dipôle 150 fois plus fort que le dipôle magnétique terrestre, l'axe magnétique de Jupiter se révèle incliné à 10,77° par rapport à l'axe de rotation de la planète. Il est créateur, à sa surface, d'un champ assez impressionnant, 20 fois plus intense que le champ terrestre. Mais la magnétosphère jupitérienne diffère profondément de la magnétosphère terrestre car la rapide rotation de la planète a entraîné la constitution, dans son plan équatorial, d'un disque de plasma que parcourent de forts courants. Des radio-émissions ont lieu à la fois sur ondes décimétriques (dues aux électrons tourbillonnant autour des lignes de force) et sur ondes décamétriques (par suite d'interactions entre l'ionosphère jupitérienne et un anneau de particules dû à Io). Elles font connaître le temps exact mis par Jupiter pour faire un tour sur lui-même : 9 h 55 min 23,7 s.

Cependant, sur cette magnétosphère gigantesque, le vent solaire exerce une pression 25 fois moindre que sur la magnétosphère terrestre. Ainsi, dans la direction solaire, la magnétosphère jupitérienne s'étend-elle à quelque 6 millions de kilomètres (incluant les satellites de la planète) : en direction opposée, on lui impute 1 milliard de kilomètres de sorte qu'elle pourrait englober Saturne et, tous les 18 ans, instaurer une messagerie électronique naturelle entre les deux mondes.

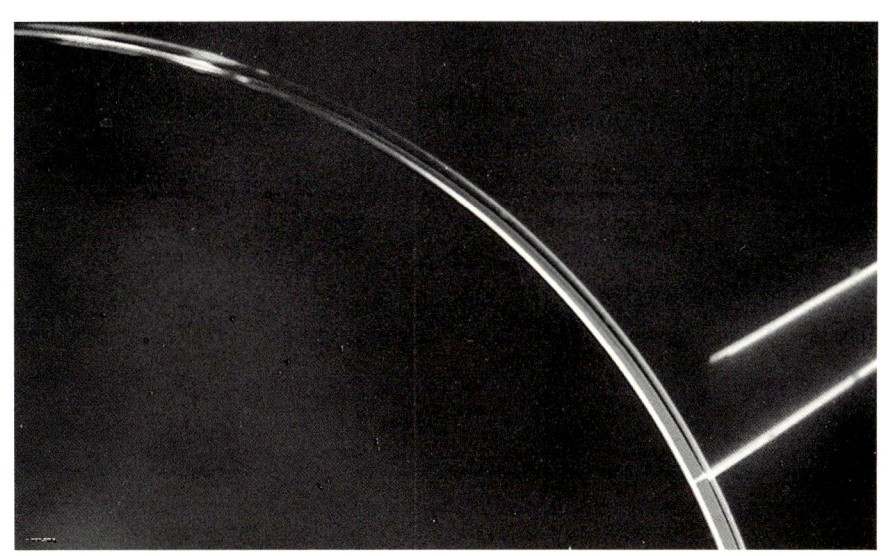

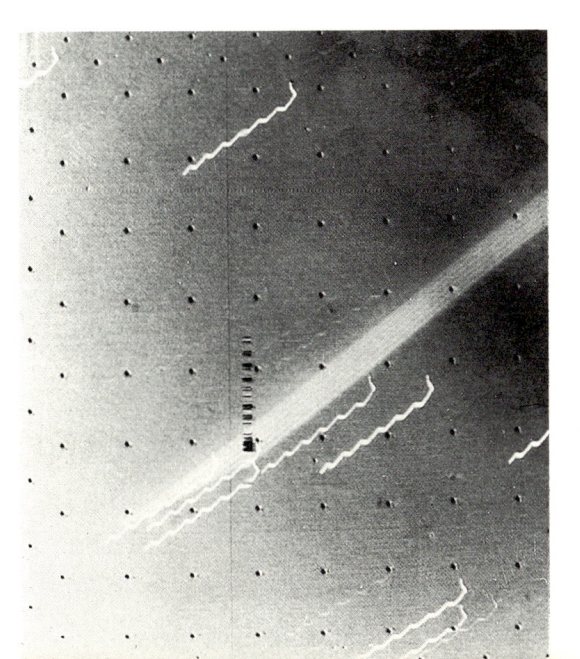

*De structure complexe, l'anneau de Jupiter (ci-dessus) a son bord extérieur à 57 000 km au-dessus de la couche supérieure des nuages, à proximité immédiate des satellites Métis et Adrastée (40 km et 30 km) qui gravitent à 56 200 km et 62 600 km de cette couche. Ci-contre, la photographie historique de la découverte de cet anneau le 4 mars 1979 par Voyager-1 alors que la sonde traversait le plan équatorial de la planète : la durée de la pause (11 min) explique l'aspect des étoiles compte tenu du déplacement de la sonde et de son balancement avec une période voisine de 2 min.*

# JUPITER / *IO, soufre et glace*

*Sur les trois photos ci-contre, cinq des huit volcans découverts actifs par Voyager-1 sont visibles, dont Pelé (1) et Marduck (2). Volund (3) est au-dessus de la Colchis Regio. Prometheus (4) au niveau de l'équateur apparaît entouré d'une tache sombre dont le diamètre est celui de son panache. En dessous de Prometheus, la zone sombre est Mycenae Regio, le limbe austral se trouvant au niveau du 65ᵉ parallèle sud. Avec Maui (5) débute Media Regio.*

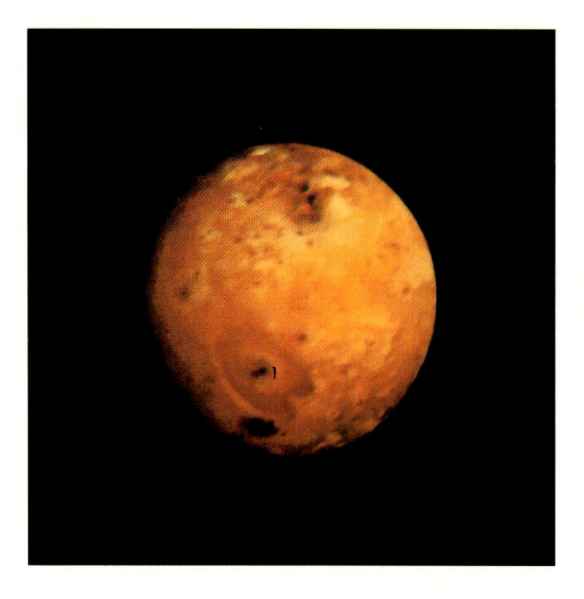

*Comme Mars, Io recèle des provinces volcaniques. Il est remarquable que sept des grands volcans répertoriés se situent entre le 30ᵉ parallèle Nord et le 30ᵉ parallèle Sud : seul Marubi est au-delà. A partir d'un panache vu sur le limbe, il a été possible de déterminer la nature des ejecta, leur étude en ultraviolet ayant révélé le rôle dominant joué par le soufre dans l'environnement de Io.*

**P**assé le 5 mars 1979 à 20 570 km de Io — dont le diamètre sera estimé à 3 632 km — Voyager-1 montre un sol très jeune légèrement foncé dans les régions polaires avec de grands contrastes de couleur, sans un seul cratère visible. Cela en raison d'un volcanisme aberrant. Sombres, volontiers entourés d'anneaux dont le diamètre peut atteindre 2 000 km, les caldeiras volcaniques couvrent 5 % de Io.

Et ce sont huit volcans que Voyager-1 voit en activité : Pelé (le plus important par 29° S et 249° de longitude), Loki (que caractérisent deux sources d'ejecta par 10° N et 300° ; le volcan est observé à huit reprises), Prometheus (au panache remarquablement régulier, par 4° S et 144°), Volund (par 21° N et 169° : son versant nord aura profondément changé d'aspect lors de l'arrivée de Voyager-2), Amarini (le premier découvert, par 27° N et 105°, 35 heures avant le passage de Voyager-1 à sa distance minimale de Io), Maui (dont, par 17° N et 111° la bouche est énorme, mesurant rien moins que 60 km),

Marduk (par 29° S et 203° ; une mince colonne d'ejecta se termine par un sommet diffus), Masubi (très coloré, par 44° S et 52°).

C'est beaucoup plus loin, à 1 129 600 km de Io que Voyager-2 passe quatre mois plus tard. Mais sept de ces volcans lui apparaîtront toujours actifs, Marduk l'étant plus encore. Seul Pelé s'est calmé au prix d'une transformation de son contour : c'était un cœur long de 1 500 km, il est devenu un ovale.

De ces volcans coule une lave et dans le ciel, leurs ejecta créent des panaches dont la base est jaunâtre, tandis qu'à leur sommet — celui-ci pouvant se situer à 280 km — une teinte bleue est conférée par des composés sulfurés, éjectés à des vitesses qui dépassent 1 km/s en ce qui concerne Pelé. Lors d'une éruption, un milliard de tonnes de matériaux peuvent quotidiennement émaner du sous-sol.

La plus grande partie des poussières retombe sur le sol dont ainsi le rapide renouvellement s'explique (les dépôts doivent représenter 1 cm en 100 ans) : Voyager-1 avait vu la région Surt parsemée de multiples points noirs, Voyager-2 la découvre claire avec de rares taches. Quant à l'environnement, il est enrichi en gaz : dans ceux-ci, aux côtés du méthane et de l'ammoniac, le dioxyde de soufre domine comme si, sous sa croûte, Io recelait un vaste océan de soufre.

Ainsi se trouve constamment régénérée une mini-atmosphère, créatrice à la surface de Io d'une pression estimée à 0,0001 millibar. Cela suffit pour le développement de phénomènes identiques à ceux observés dans l'atmosphère martienne : un vif froid provoquera le gel partiel de cette atmosphère de Io avec, sur le sol, constitution d'une pellicule blanchâtre. Cela arrive en l'occurrence toutes les 42 heures lorsque sa révolution autour de Jupiter conduit Io à se trouver, chaque fois pendant quelque 2 heures, dans l'ombre de la planète : alors sa température tombe de −175 °C à −240 °C. Lorsque Io émerge, il est d'un blanc éclatant : on imagine qu'une couche de givre sulfureux s'est formée à sa surface. Peu à peu, elle se sublime, tout en étant çà et là « piquée » car attaquée par les particules.

*Du type geyser, le volcan Pelé (1) a pu être observé en éruption par Voyager et cela à quatre reprises. Ici visibles sur le fond noir du ciel, ses ejecta s'élèvent à 280 km, créant une ombrelle large de 1 400 km. Dans la partie gauche du cliché, on discerne Gilli Patera (2) que surmonte Galei Patera (3). L'aspect du sol, où l'on voit la trace de nombreux autres dépôts, aussi bien que le dépouillement d'anciens documents — faute d'avoir observé le volcanisme de Io, l'astronomie conventionnelle avait relevé des phénomènes dont, a posteriori, l'origine thermique peut être établie — conduisent à imaginer cette activité aussi ancienne que Io lui-même. Ainsi, une puissance thermique en permanence supérieure à 10 milliards de kilowatts a profondément transformé l'objet. Elle dut lui faire très tôt perdre ses composés à base de carbone et d'hydrogène, dissipés dans l'espace, l'actuel volcanisme de Io paraissant fondé sur un cycle de soufre.*

# JUPITER / IO, une activité débordante

*Les caldeiras — cratères provenant d'effondrements volcaniques — sont les formations les plus nombreuses sur cette image de Voyager-1 faisant découvrir 1 000 km × 1 400 km dans l'hémisphère sud de Io. Les dépôts sulfureux abondent. Les taches claires sont dues à du givre. Haute de 10 km, la montagne visible en bas à droite émane de la croûte de Io, à base de silicates.*

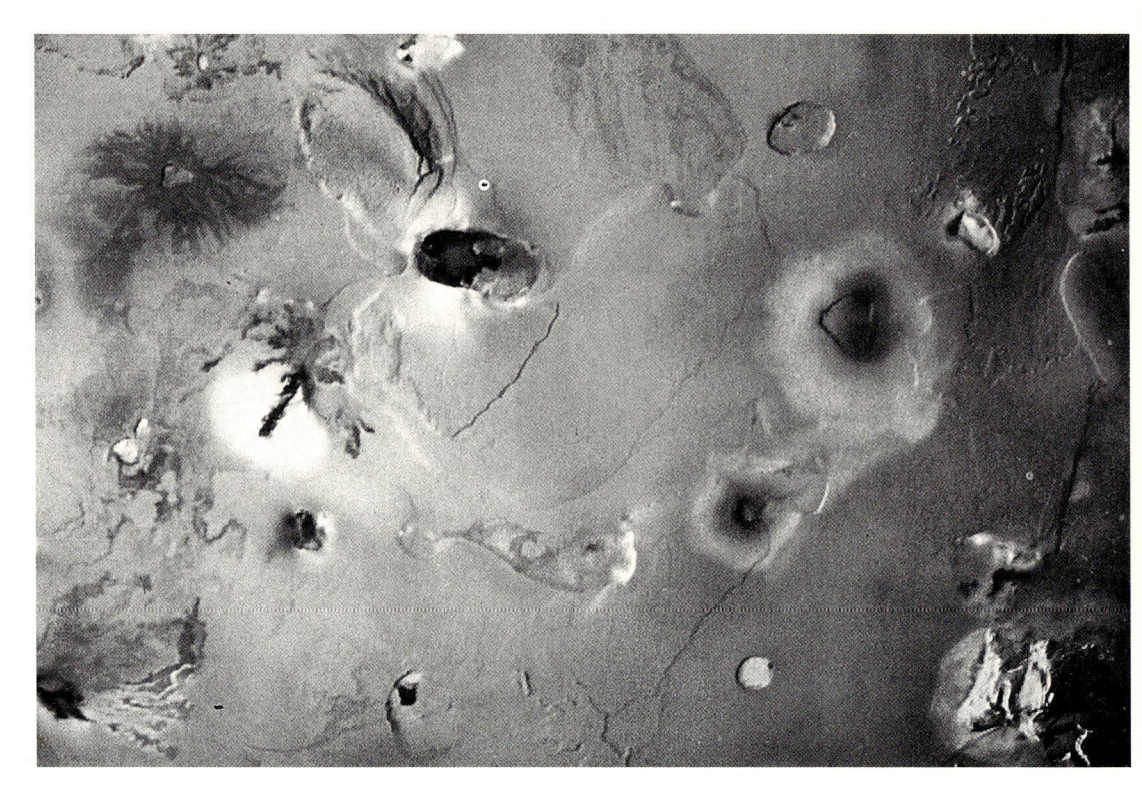

*Par 40° S et 330° de longitude, la caldeira de Maasaw Patera, ci-dessous, est large de 50 km. Son aspect semble indiquer deux stades d'effondrement. Les ombres portées la montrent en effet profonde de 700 m sur sa plus grande partie, mais en haut à gauche, on peut mesurer 2 000 m.*

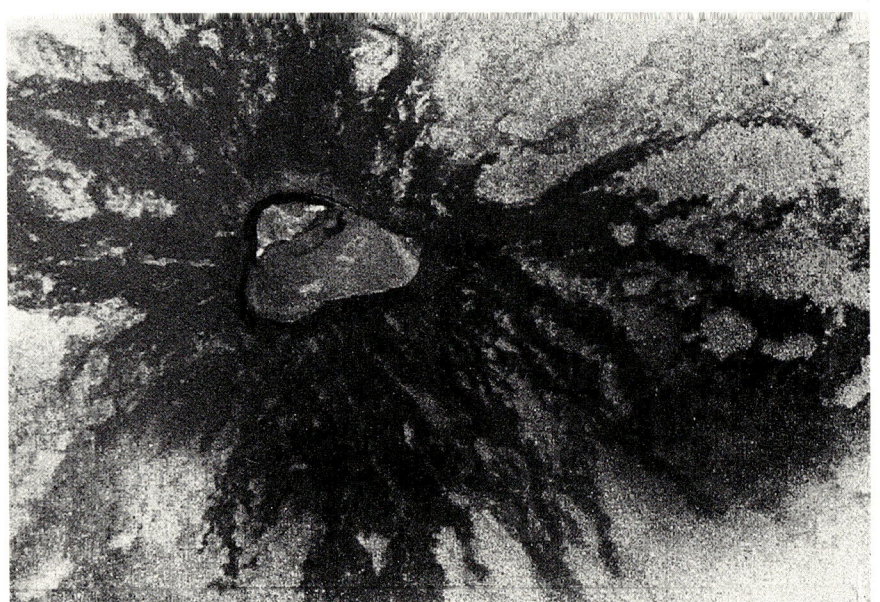

*A la différence des grands volcans chauds (380 °C) créateurs d'ejecta balistiques, des formations de taille moyenne peuvent être repérées dans la bande équatoriale de Io. Elles lâchent des matériaux de température intermédiaire (170 °C). Recueillie depuis 128 000 km, cette image de Ra Patera, ci-contre à droite, par 15° S et 325° de longitude montre des coulées encaissés avec la présomption qu'une partie des matériaux retourne à sa source, sous la croûte de Io.*

Non content d'arroser Io et de sulfurer son atmosphère, le volcanisme soustrait en effet à son attraction certains matériaux qui deviennent autant de satellites de Jupiter. Ainsi est constitué un anneau de particules dans lequel Io se meut, soumis à leur bombardement, et cela lui vaut de récupérer une petite partie de la substance par lui semée dans l'espace mais conservée dans cet anneau dont nous avons rapporté que, situé dans la magnétosphère jupitérienne, il en coupe les lignes de forces, modulant l'émission hertzienne de Jupiter.

Mais quelle est donc l'origine de ce volcanisme de Io ?

Nous concevions naguère deux sources d'énergie au sein d'un objet tellurique, à savoir un reliquat de sa chaleur originelle et la radioactivité de ses roches. Mais la première source ne saurait être évoquée pour Io, à peine plus gros et plus lourd que la Lune (sa masse vaut 1,21 Lune). Et ses roches ne pouvaient rendre compte d'un tel niveau d'activité. Les scientifiques ont dû chercher une autre explication.

Ils l'ont trouvée dans l'excitation dite effet de marée que subit un satellite d'une grosse planète s'il s'en trouve à une distance qui ne reste pas constante. Il en résultera pour lui un gradient de gravité variable : alors sa substance interne sera l'objet de tiraillements, et de compressions qui la chaufferont à l'instar du pneu insuffisamment gonflé de votre voiture...

Or dès la fin du XVIII$^e$ siècle, Laplace avait montré que Io, Europe, Ganymède constituent un système résonnant : entre les longitudes moyennes a, b, c, de ces trois objets joue en effet la relation a + 2 b − 3 c = 180°. Ainsi, Io est piloté par Europe et Ganymède, ces derniers ne cessant de modeler et remodeler son orbite. Cela fait varier la distance Io-Jupiter et, partant, le gradient de gravité auquel Io est soumis, un tel processus étant générateur au sein de l'objet d'une puissance moyenne estimée à 10 TW.

Tel est le raisonnement tenu a posteriori pour expliquer le volcanisme de Io : un chauffage entretenu de l'intérieur par l'action combinée de Jupiter et des autres objets auxquels Io se trouve lié, l'importance de cette chaleur et son caractère systématique expliquant le volcanisme de Io dont, au demeurant, la substance est surtout faite d'éléments lourds.

Par sa densité (3,5), ce monde apparaît en effet assez semblable à la Lune, et vraisemblablement Io naquit, comme elle, boule de silico-aluminates. Son sort fut tout autre parce qu'à la différence de la Lune, élevée en fille unique, Io eut des frères qui ne cessèrent de le tourmenter.

Nous savions déjà que le destin d'un monde se joue avec sa masse et sa distance au Soleil. Avec Io, nous découvrons un autre facteur majeur de différenciation des objets : l'influence de la famille dont ils font partie.

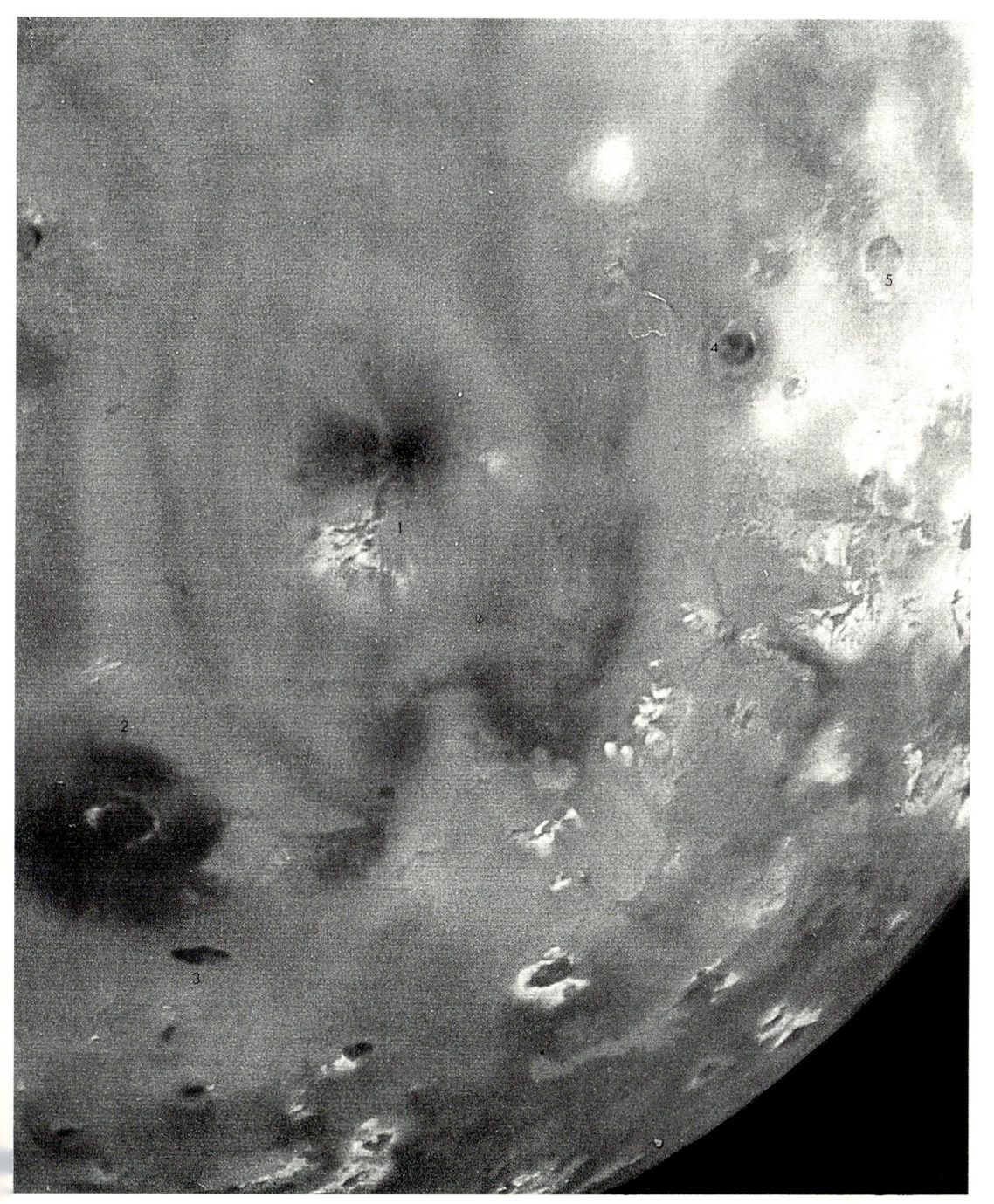

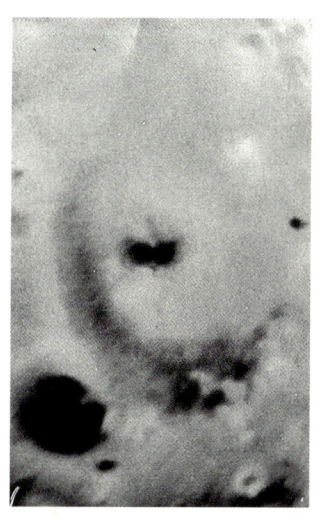

*Entre sa photographie par Voyager-1, ci-contre, et par Voyager-2, ci-dessus, le changement d'aspect en trois mois de la région Pelé apparaîtra saisissant. Le mouvement des laves a complètement transformé le contour de la formation : elle était en coin, elle est devenue un ovale. Ses clichés montrent l'un et l'autre une région de Io comprise entre les méridiens 215° et 285°, l'équateur n'étant pas loin de coïncider avec la partie supérieure de l'image longue de quelque 2 000 km. Outre Pelé (1), cette vue permet de découvrir Babbar patera (2), Sverog patera (3), Reiden patera (4), Asha patera (5) en bordure de la zone claire qui annonce Colchis Regio.*

# JUPITER / *EUROPE, lisse comme une boule de billard*

*Europe observé par Voyager-1. 6 h 14 après avoir survolé Jupiter, la sonde s'en est approchée à quelque 734 000 km. Ce satellite apparaît comme un disque clair abondamment rayé : en dessous de la tache sombre visible sur le cliché ci-contre non loin du méridien zéro, on peut déjà distinguer Phineus Linea et Asterius Linea. L'observation de telles formations depuis une grande distance permet d'estimer leur largeur à plus de 10 km. On voit en elle autant de lignes selon lesquelles la glace se serait fracturée sous l'effet de mouvements dont on imagine que la croûte d'Europe est animée, un peu comme sur notre planète les plaques tectoniques présentent de nombreuses failles. C'est un réseau, en fait extraordinairement complexe, que Voyager-2 fera découvrir.*

Europe offre une surface de glace, ont constaté les Voyager passés à 773 760 km et à 205 720 km de cet objet dans des conditions ayant permis d'en voir presque tout le globe.

Plus encore que par la constitution de sa croûte, Europe — dont le diamètre atteint 3 126 km — attire ainsi l'attention par un relief très peu prononcé. Sur la plus grande partie de sa surface, le second satellite astronomique de Jupiter se présente comme une immense patinoire que caractérise un fort albédo (0,7).

Cette glace, cependant, apparaît abondamment fissurée. On y découvre de nombreuses lignes, droites ou sinueuses, larges d'une dizaine de kilomètres pour une longueur pouvant atteindre des milliers de kilomètres comme si l'expansion d'une croûte de glace s'était trouvée liée à une activité interne. De ce réseau de fissures, le cliché spatial montre particulièrement bien la contexture aux environs du méridien 180 avec notamment Cadmus Linea, Belus Linea, Pelorus Linea et Agena Linea juste au-dessus de Thera Macula, une tache par laquelle passe ce méridien.

La manifestation d'une activité interne est un point commun avec Io et nous n'en serons pas surpris ayant relevé le couplage qui existe entre les trois premiers satellites galiléens de Jupiter : Europe étant toutefois plus éloigné, c'est à un gradient de gravité moindre que furent soumis ses matériaux internes.

La nature de ceux-ci ? La densité de ce monde n'est que peu inférieure à celle de Io — 3,04 au lieu de 3,53 — de sorte que l'on imagine en son sein un énorme roc dont le diamètre pourrait représenter 90 % de celui d'Europe ; autour de ce gros noyau de silicates, un manteau d'eau pourrait toutefois exister. Il aurait donné tout naturellement naissance à une croûte de glace en raison des basses températures d'une surface exposée à l'espace : aucune atmosphère en effet n'entoure Europe dont, en conséquence, la température diurne ne saurait dépasser − 160 °C. Si l'eau, à la surface d'un monde, est chose rare pour les raisons que le cas terrestre nous a fait découvrir, la présence de ce liquide apparaîtra logique dans des objets éloignés du Soleil. La planète Mars nous avait mis en présence de permafrosts capables de fondre pour alimenter quelque cycle d'une eau souterraine ; ce sont de grandes masses d'eau qu'il faut imaginer à l'intérieur d'Europe au-dessus d'un noyau toujours tiède pour cause d'excitation externe.

Ainsi l'activité d'Europe ne saurait être regardée comme volcanique. C'est là-bas de la « géothermie basse énergie ». On doit imaginer l'arrivée épisodique en surface — par les fissures de la croûte — d'une eau en provenance du sous-sol qui se répand sur la glace pour se congeler très vite, avec dépôt de détritus de toute nature, cette eau ne pouvant manquer d'être boueuse, et chargée de cailloux.

Le processus a joué sur l'échelle des temps cosmiques. On présume qu'il continue à se développer si l'on en juge par le petit nombre de cratères observés à la surface d'Europe alors que cet objet n'a pas manqué d'être bombardé par des astéroïdes de toute taille : mais les cratères ont été très rapidement comblés puis finalement effacés par de nouvelles arrivées d'eau.

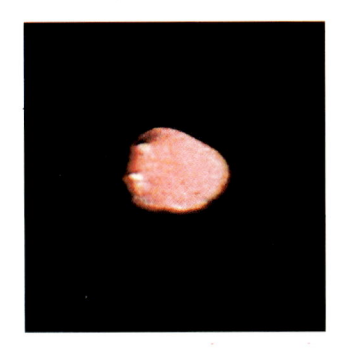

*Découvert en 1892 par Barnard, Amalthée gravite à 117 000 km de Jupiter. Depuis 425 000 km, Voyager-1 a pu obtenir l'image ci-dessus révélant tout à la fois ses dimensions (270 km × 160 km) sa forme très aplatie (l'axe des pôles est vertical) et les agressions dont ce monde dut être l'objet, heurté par des particules émanant aussi bien du tore de Io que de Jupiter.*

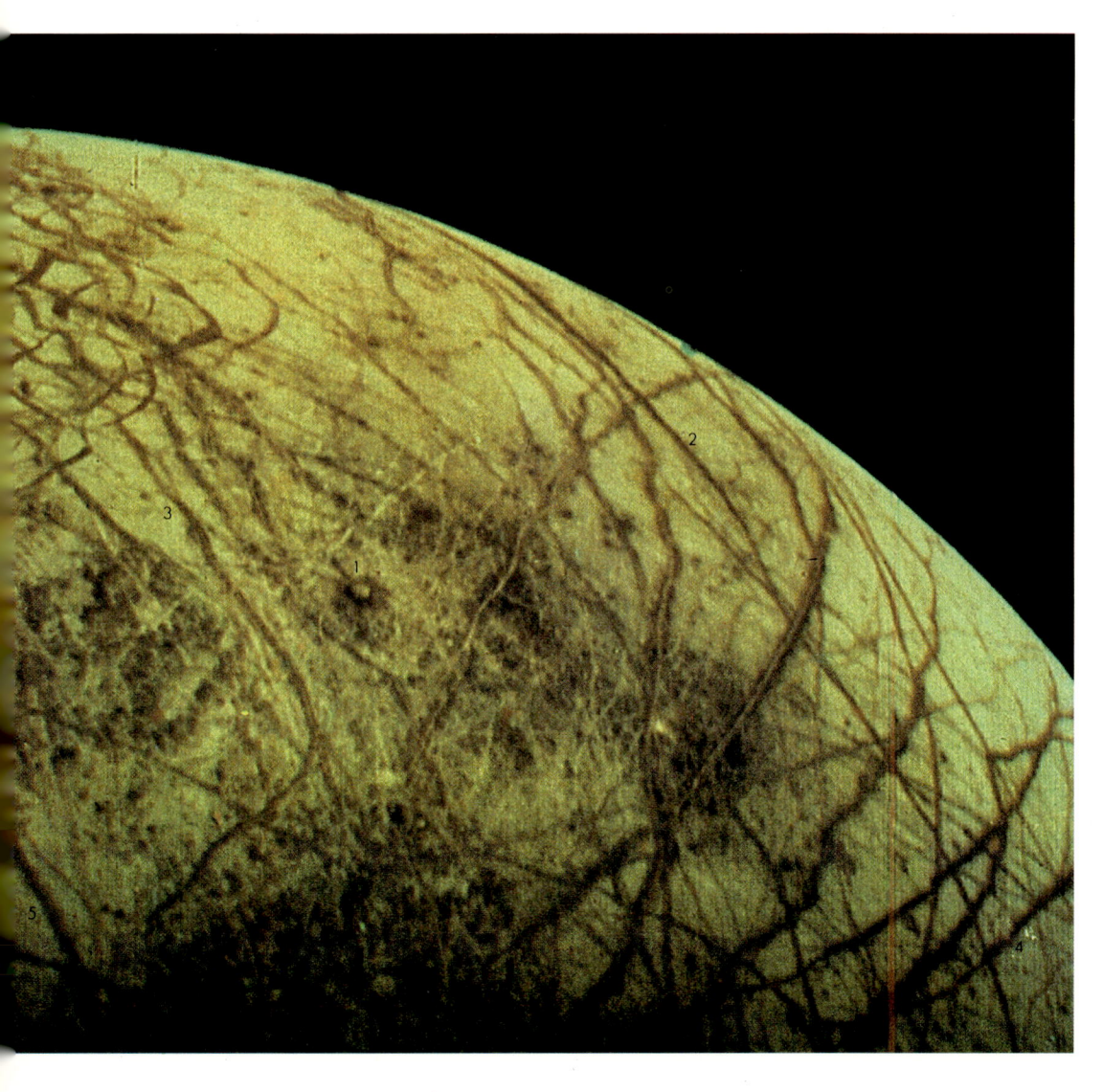

*On voit ici l'hémisphère d'Europe, opposé à celui découvert par Voyager-1. Voyager-2 a observé les mêmes structures révélatrices d'un sol très jeune. On voit sur cette image la seule formation (1) qui ait pu en toute certitude être regardée comme un cratère d'impact. Le limbe n'est pas loin de coïncider avec le méridien 220°, le pôle nord se trouvant à gauche. Sont repérables Belus Linea (2), Argiope Linea (3), Cadmus Linea (4), Pelorus Linea (5), Agenor Linea (6), cette dernière fracture étant proche de la tache Thera Macula (7), dans laquelle il s'impose de voir une cheminée dont la bouche fit arriver en surface une eau tiède chargée de détritus. Tout naturellement ils s'accumulent à l'orifice.*

# JUPITER / *GANYMÈDE et CALLISTO, boue et cratères*

*Depuis 3,4 millions de kilomètres alors qu'il s'approchait de Jupiter, le 3 mars 1979 Voyager-1 découvrait ainsi Ganymède, un monde dont le pouvoir réfléchissant — 0,43 — est à peine moins élevé que celui d'Europe (0,46). La petite tache claire dans la partie gauche, au niveau de l'équateur, est Ruti (1). Marius (2) est la zone sombre dans la partie droite : Mashu Sulcus et Phibus Sulci la séparent de l'« île » (3) observable au nord-est de cette région, le centre de l'image se trouvant très sensiblement sur le méridien 252.*

*Le 5 mars, 14 h 10 après avoir survolé Jupiter, de gros plans pouvaient être obtenus au cours d'un passage rapproché : les étonnantes « pistes » observables ci-contre seront découvertes, les scientifiques ont transposé sur Ganymède le modèle des bouches d'eau tiède élaboré pour Europe, à cette différence qu'ici l'eau en provenance de l'intérieur de l'objet — beaucoup moins différencié — est apparemment très boueuse.*

*Ci-contre, Ganymède se caractérise par le grand contraste de ses terrains. Assez réduite, son activité propre n'a en effet affecté qu'une partie de sa surface dont la région Galileo. Les deux clichés ci-contre font ressortir la différence entre, un vieux terrain sombre, fortement cratérisé, et une région claire d'âge intermédiaire marquée par un découpage des terrains en polygones que séparent des bandes de glace...*

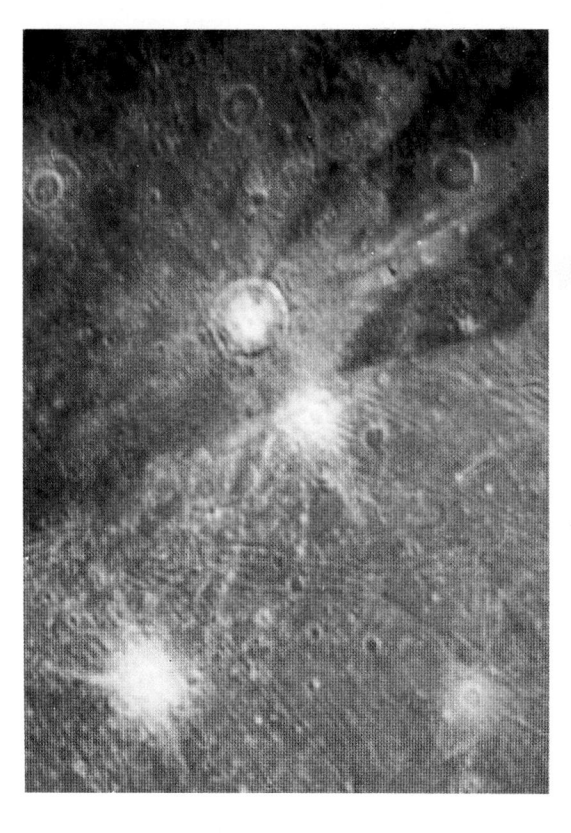

Avec un diamètre que les Voyager ont estimé à 5 276 km, Ganymède est le plus important de tous les satellites que compte le système solaire.

Cependant sa densité est de 1,94 seulement, indice d'un rapport roc/glace beaucoup plus faible qu'au sein d'Europe. S'il fut un temps où elle brilla, Jupiter dut s'entourer d'un disque de poussières dans lequel le scénario fut le même qu'au large du Soleil. Près du corps central se condensèrent les matériaux réfractaires à base d'éléments lourds de sorte qu'il apparaîtra logique de voir les densités diminuer quand la distance croît.

D'autre part, un plus grand éloignement de Jupiter fut à l'origine d'un gradient de gravité réduit d'où découlèrent de moindres effets de marées. Et une conséquence directe de la faible densité fut une plus faible proportion de corps radioactifs. D'où une activité à deux titres amoindrie. En témoignent les clichés recueillis par les Voyager-1 et 2 passés à 118 000 km et 62 000 km de Ganymède, ces clichés apprenant qu'une constitution interne différente a induit d'autres phénomènes.

Intense au point de créer sur Io un volcanisme délirant, la chaleur interne fut autrefois sur Europe encore assez forte pour liquéfier une partie de l'objet : ainsi une décantation constitua en profondeur un noyau rocheux autour duquel l'eau s'accumula. Au sein de Ganymède, apparemment, cette séparation n'a pas eu lieu, le satellite étant resté largement indifférencié, entendons fait d'un mélange intime d'eau aux autres matériaux.

L'activité de Ganymède s'est manifestée par les deux types de terrains aujourd'hui observables sur l'objet, à savoir, aux côtés de surfaces jeunes remaniées par des écoulements, des terrains anciens très cratérisés de couleur sombre : tel est le cas dans l'hémisphère nord de la grande étendue quasi circulaire, traversée de bandes claires parallèles, dite Galileo Regio. Ces régions foncées de Ganymède paraissent avoir très peu évolué au cours des 4 milliards d'années écoulées. Il en va différemment des terrains à plus fort albédo, encore que les cratères n'y soient pas rares, certains d'entre eux — Osiris apparaîtra à cet égard très caractéristique — ressemblant à des cratères lunaires par les traînées blanches qui en émanent.

Avec Callisto dont, pourtant, avec un diamètre de 4 820 km la taille est quasi planétaire, c'est le dernier stade : absence totale d'activité. Ce quatrième satellite galiléen de Jupiter offre les traits d'un monde mort.

Sur les clichés qu'en ont recueillis les Voyager, passés à 126 400 et 214 930 km de Callisto, nous voyons en effet un objet entièrement couvert de cratères. Ainsi comprenons-nous que ce monde est inactif depuis des milliards d'années. On voit mal au demeurant comment en serait-il allé autrement : les couplages gravifiques ne le concernaient pas et tout en étant appréciable (1,46 Lune), la masse de Callisto n'aurait pas autorisé un chauffage intense par radioactivité vu la faible importance relative du roc dans cette masse, la densité de Callisto — 1,89 — étant encore plus faible que celle de Ganymède.

Callisto, c'est en l'occurrence une Lune de glace. Entendons que la glace a tenu dans la constitution de cet objet une part encore plus importante que sur Ganymède, l'absence de toute activité ayant permis à cette glace de jouer ici pleinement le rôle de matériau structurel. A −160 °C, en effet, la glace a la dureté du roc, une telle circonstance expliquant que Callisto offre l'aspect de la Lune avec des cratères de toute taille, isolés ou en chaîne (Gipul Catena), certains semblant remonter à l'origine du système solaire, alors que d'autres sont plus récents.

Au niveau de l'équateur, l'un d'eux attire particulièrement l'attention, en raison tant de sa grande taille, son diamètre atteignant 600 km, que de sa ressemblance tout à la fois avec la formation lunaire dite mer Orientale — à la limite de la face visible — et avec Planitia Caloris sur Mercure. Valhalla est le nom de ce grand bassin de Ganymède : une série d'anneaux l'entoure. Cette formation est imputée à un astéroïde qui aurait percuté Callisto, et déformé localement sa croûte : des ondulations, dues à son élasticité, auraient été figées.

Cela, à une époque remontant non à la naissance de Ganymède mais plutôt à la fin de la grande période cataclysmique que vécut le jeune système solaire : sur Valhalla, on dénombre en effet des cratères trois fois moins nombreux qu'ailleurs sur Callisto.

*Ci-contre, c'est à grande distance, depuis plus de 2 millions de kilomètres, que Voyager-2 a recueilli cette image de Callisto faisant découvrir une terre de glace sale. La nature du matériau constituant la croûte explique l'éclat des cratères, la liquéfaction des matériaux fut suivie de leur décantation avec formation d'une arrivée de glace beaucoup plus pure que le reste de la surface : on remarquera l'éclat particulier du cratère Asgad.*

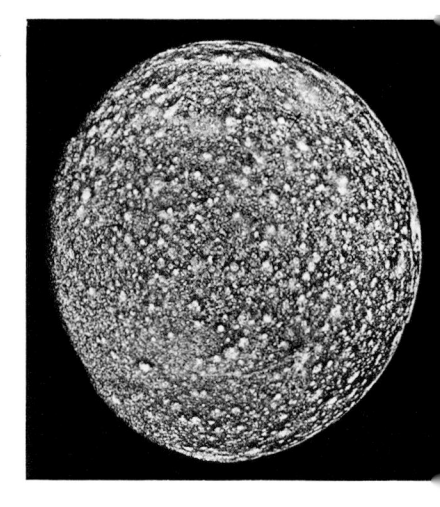

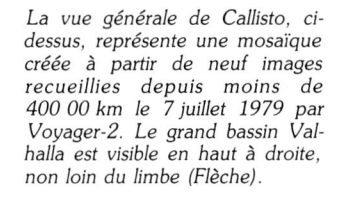

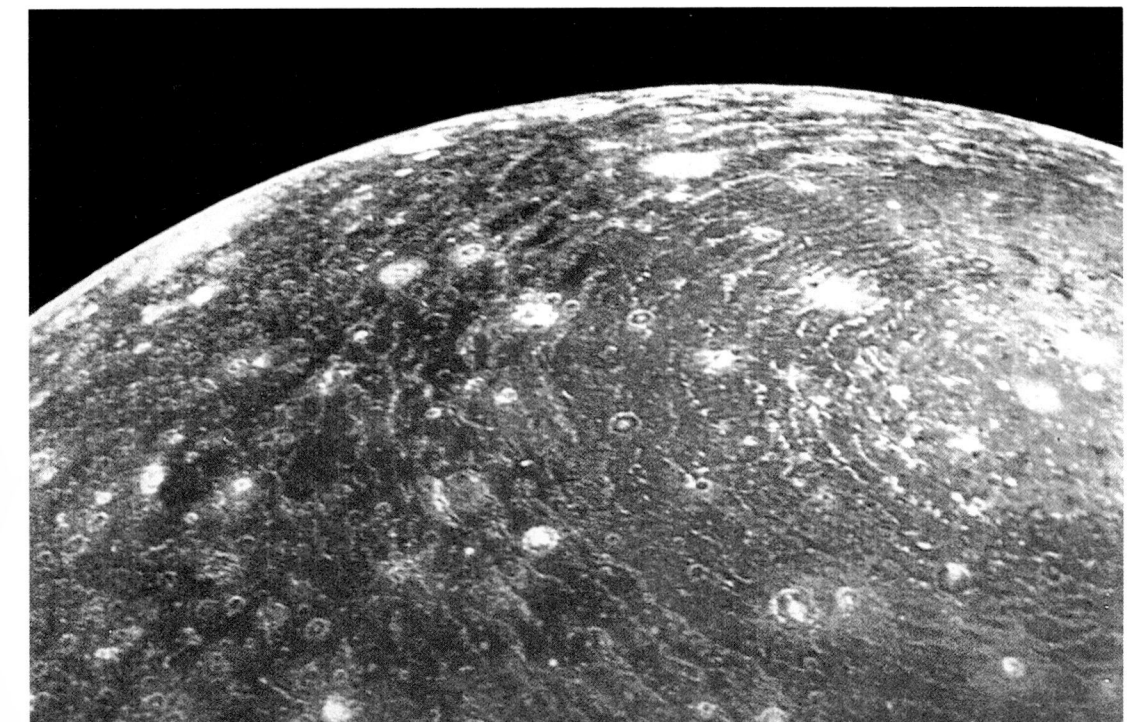

*La vue générale de Callisto, ci-dessus, représente une mosaïque créée à partir de neuf images recueillies depuis moins de 400 00 km le 7 juillet 1979 par Voyager-2. Le grand bassin Valhalla est visible en haut à droite, non loin du limbe (Flèche).*

*Un gros plan de cette formation nous est donné ci-contre. Il fait voir la quinzaine d'ondulations concentriques dont elle est constituée, tout se passant comme si la croûte de l'objet était restée déformée après avoir été fortement excitée par le choc ayant créé Valhalla. Sur Mercure, le processus avait été le même avec Mare Caloris, mais avec un moindre amortissement.*

# SATURNE et ses

# satellites

# SATURNE / Des vents de 1 800 km/h

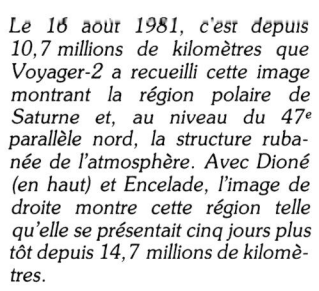

*Le 18 août 1981, c'est depuis 10,7 millions de kilomètres que Voyager-2 a recueilli cette image montrant la région polaire de Saturne et, au niveau du 47e parallèle nord, la structure rubanée de l'atmosphère. Avec Dioné (en haut) et Encelade, l'image de droite montre cette région telle qu'elle se présentait cinq jours plus tôt depuis 14,7 millions de kilomètres.*

L'étrangeté de Saturne est entrevue en juillet 1610 : dans sa lunette, Galilée observe « la planète la plus lointaine à triple corps ». De part et d'autre, il croit voir deux objets, tels des serviteurs qui auraient aidé le vieux et lent dieu du temps à faire son chemin. On doit attendre 1649 pour que Huygens déclare ce monde « entouré d'un fin anneau qu'il ne touche jamais et qui est incliné sur l'écliptique », un anneau dans lequel une division est, en 1675, observée par Cassini. En 1850, Bond en découvre une autre.

La contemplation de ce joyau du ciel ravit l'astronome sans qu'il puisse malheureusement, depuis 1,3 milliard de kilomètres, découvrir beaucoup de détails.

Ainsi le pas franchi à l'ère spatiale est prodigieux, l'exploration du monde saturnien débutant par un prologue.

La trajectoire de Pioneer-11 survolant Jupiter en effet été choisie de manière à réinjecter la sonde sur une orbite solaire visant Saturne. Telle est du moins la décision sensationnelle que les Américains ont prise après engagement de la mission. Et la fortune leur sourit. Le 1er septembre 1979, Pioneer-11 aborde la septième planète du système solaire, franchissant le plan de ses anneaux à deux reprises — à 14 h 31 et à 18 h 33 TU — avant et après un passage à 21 400 km seulement de la planète sans autre dommage que deux impacts signalés par les détecteurs de météorites, ceux-ci consistant en 234 microbouteilles d'acier aux parois épaisses de 25 micromètres dont le percement laisse échapper le mélange gazeux (azote-argon) qu'elles recèlent.

C'était l'objectif principal de la mission : confirmer que les Voyager, d'ores et déjà au-delà de Jupiter sur la route de Saturne, pourraient survoler la planète à faible distance, avec un programme optimisé. Mais, en outre la moisson scientifique est appréciable : 80 photographies ont pu être recueillies par Pioneer-11 entre le 20 août et le 7 septembre. Dans l'atmosphère de Saturne, elles font découvrir des ouragans et des tourbillons rappelant l'atmosphère jupiterienne ainsi que des nuages d'une teinte jaune et or, avec des reflets bleu pâle et brun.

Surtout, les clichés montrent que l'anneau de Saturne relève d'un degré de complexité très supérieur au système triple ou quadruple de l'astronomie conventionnelle : extérieurement à l'anneau A, apparaît sur les clichés, à 110 500 km de la surface de Saturne, un anneau fin auquel est donné le matricule F.

*On voit ici dans l'atmosphère de Saturne un groupe de trois taches photographiées avec des filtres différents depuis 7,1 millions de kilomètres le 19 août 1981. Les deux taches à droite apparaissent foncées sur une image, claires sur l'autre : elles se meuvent vers l'ouest à une vitesse voisine de 15 m/s. Plus importante — son diamètre est estimé à quelque 3 000 km — la tache à gauche offre une structure visiblement différente : son mouvement anticyclonique incite à voir en elle une région de haute pression.*

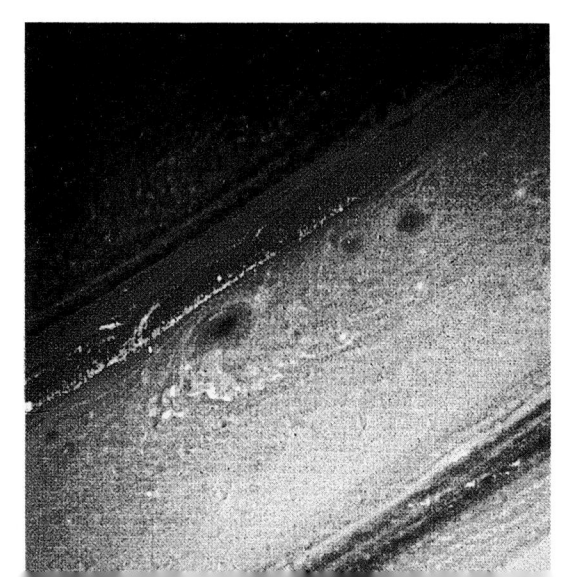

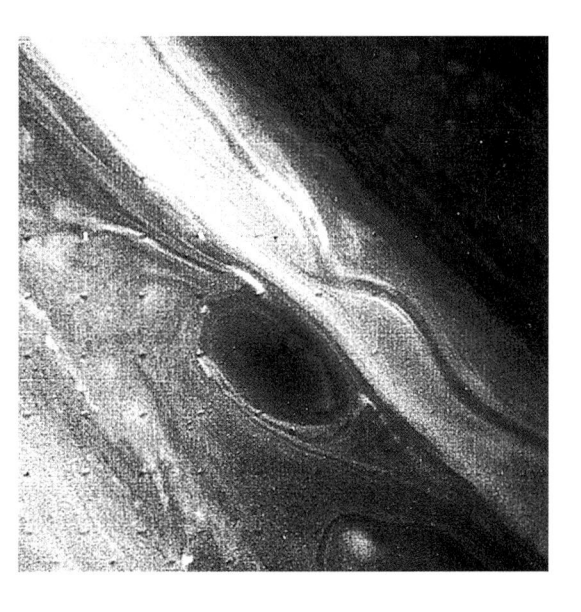

*A 10 heures d'intervalle Voyager-2 a recueilli — depuis 2,7 et 2,3 millions de kilomètres — ces deux images d'une tache mesurant 4 700 km dans l'atmosphère saturnienne par 42,5° N, le pouvoir de résolution étant voisin de 40 km. On remarque une rotation de cette formation dans le sens rétrograde donc anticyclonique comme si elle se trouvait dans une zone de haute pression, une telle situation révélant une météorologie fondamentalement différente de la nôtre : sur la Terre en effet parce que l'atmosphère reçoit une énergie du Soleil, les zones tempérées sont le siège de basses pressions.*

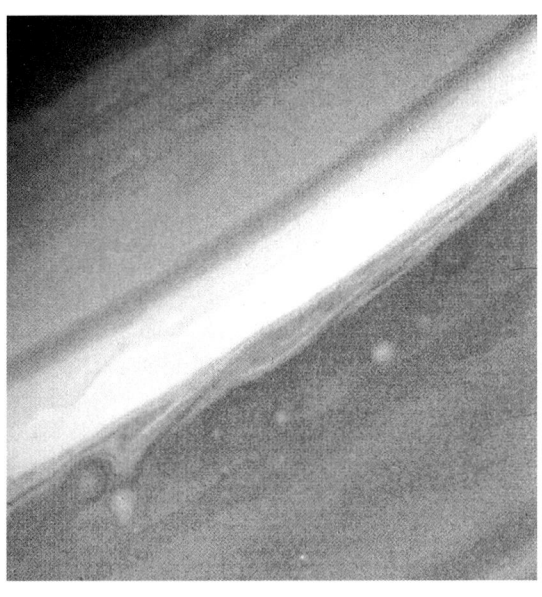

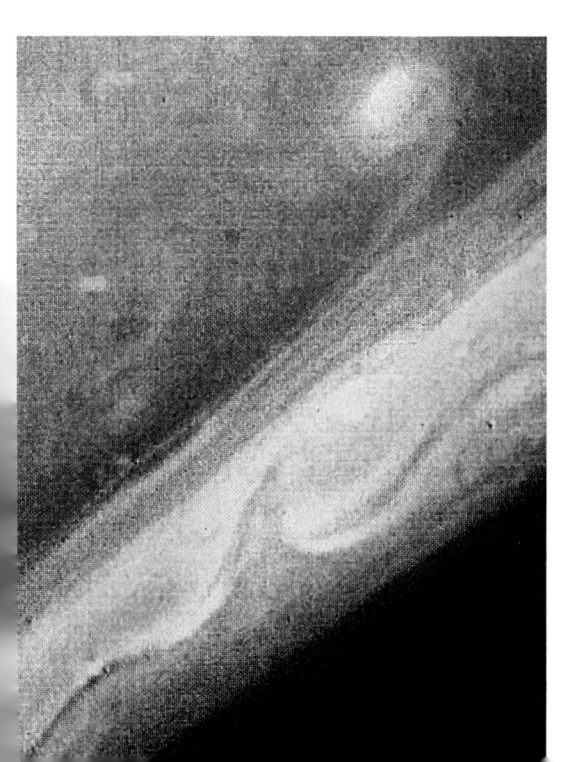

*Volontiers riches en points de rebroussements, les structures ci-contre sont caractéristiques de Saturne. Tout en offrant un certain nombre de points communs avec Jupiter — des taches brunes sont observables sur les deux mondes, les Voyager ayant même fait voir une tache permanente de longue durée — Saturne a une météorologie spécifique caractérisée par une alternance des courants zonaux au fil des latitudes. Sur quelques degrés, ils changent de sens, étant observés successivement est-ouest, puis ouest-est, et à nouveau est-ouest comme s'il n'y avait sur la planète aucun lien entre la structure horizontale des nuages et les vents qui sont sensés les entraîner. Une interprétation des phénomènes exigerait des informations sur la structure verticale de l'atmosphère que seule fournira une sonde entrant dans celle-ci, sonde actuellement étudiée pour être embarquée sur Cassini afin d'explorer l'atmosphère de Saturne au début du XXIe siècle.*

Pour en savoir plus, on doit attendre les Voyager. Mais les astronomes ne seront pas déçus.

C'est le 22 novembre 1980 que Voyager-1 croise Saturne à 124 000 km, et le 25 août 1981 Voyager-2 passe à 101 000 km de la planète, recueillant des images qui vont en donner une vision entièrement nouvelle. C'en est presque trop : par rapport aux instruments terrestres, le pouvoir résolvant est multiplié par 4 000, de sorte que les astronomes éprouvent quelque peine à rattacher les nouvelles données aux anciennes. Faute de maillon intermédiaire, il leur faut tout d'abord se livrer à un grand inventaire avec une prise en considération des données concernant la planète elle-même.

Les similitudes entre Jupiter et Saturne paraissent renforcées avec une découverte, à l'actif de Voyager-1 : par 55° S, une tache rouge comparable à la tache de Jupiter mais sensiblement plus petite. D'une dimension de 6 000 km, elle sera dite tache d'Anne. D'autres taches recevront les noms de Grande Berthe, Tache ultraviolette, Taches brunes. De multiples taches blanches sont d'autre part ailleurs observées, cheminant vers l'ouest au niveau du 39e parallèle, tandis qu'une longue bande ondulante, bientôt dénommée ruban, est repérée par 46° N. Les couleurs surprennent autant que ce constat : au lieu de fusionner, deux taches voisines peuvent tourner l'une autour de l'autre. D'autre part, avec des vitesses de 500 m/s, les vents sont les plus violents de tout le système solaire.

C'est tout à la fois un rébus et l'indice d'une activité chimique intense que les scientifiques s'emploient patiemment à comprendre, élaborant un modèle de Saturne que devra étayer une sonde envoyée dans l'atmosphère profonde de la planète. Tel sera un des objectifs de la future mission Cassini : à l'enseigne d'une coopération entre Américains et Européens, un véhicule spatial quittera la Terre en 1994 pour une étude approfondie du système saturnien dans les pre-

# SATURNE / Le seigneur des anneaux

*La formation dite « anneau de Saturne » consiste en un nombre très élevé d'éléments chacun ayant son mouvement propre avec une période de révolution comprise entre 4 h 54 pour le plus proche et 45 h 18 pour le plus lointain. Et la régularité de ces annelets n'a d'égal que leur finesse, mise en évidence sur ce cliché : à travers eux, la planète est parfaitement visible.*

*La division de Cassini peut ici être observée séparant l'anneau B (vers la planète) et l'anneau A dont on discerne les détails. On découvre notamment, non loin du bord extérieur de cet anneau A, la division de Encke, à 73 200 km de Saturne. Le bord extérieur de l'anneau A se trouve pour sa part à 75 870 km de la planète représentant la limite de l'anneau visible depuis la Terre. C'est au-delà de cet anneau A, dont il est séparé par la division de Keeler que se trouve l'anneau F (visible sur l'image précédente). Ce sont ensuite le mince anneau G et le très large mais quasiment invisible anneau E, entre 150 000 et 240 000 km de Saturne.*

mières années du XXIe siècle. Quel est ce modèle de Saturne ?

A défaut de sol, la planète est décrite en choisissant, comme sur Jupiter, une surface de référence, en l'occurrence celle où la pression atmosphérique a la même valeur que sur la Terre, soit très sensiblement 1 bar, étant entendu qu'en dessous de cette surface, on ne voit plus grand-chose, l'atmosphère devenant rapidement opaque. Pour dépeindre les phénomènes, il faut s'adresser à la théorie : elle nous dit qu'avec la profondeur la température croît.

Car, comme Jupiter, Saturne est une source de chaleur pour une raison que, longtemps, les scientifiques n'entrevoient pas clairement. Ils comprennent seulement que les conclusions tirées pour Jupiter ne peuvent être transposées : on ne saurait imaginer la rétention d'une chaleur originelle. Finalement, une explication va faire d'une pierre deux coups en rendant compte à la fois de la chaleur intérieure et du manque d'hélium relevé dans l'environnement de Saturne.

Là est une grande révélation des Voyager. Dans l'atmosphère de Saturne — entendons dans la partie de cette atmosphère comprise entre la surface de référence et l'altitude, voisine de 1 200 km, au-dessus de laquelle la pression devient trop faible pour assurer un brassage efficace — hydrogène et hélium dominent comme prévu, mais pas dans les proportions que l'on attendait : le rapport hélium/hydrogène se révèle un peu inférieur à 0,07. C'est sensiblement moins que dans la nébuleuse primitive dont Jupiter était apparu comme un reflet assez fidèle. Qu'est donc devenu l'hélium originel de Saturne ?

Dès l'instant où une forte vitesse de libération (35,5 km/s) exclut toute évasion vers l'espace, on doit présumer qu'une moindre abondance d'hélium dans l'atmosphère implique une présence dans la planète.

C'est d'autant plus plausible que l'hélium n'est pas soluble dans l'hydrogène métallique soupçonné de constituer, à des distances du centre de Saturne comprises entre 7 500 km et 30 000 km, une énorme couronne autour du noyau à base de silico-aluminates dont, comme au cœur de Jupiter, la présence au centre de Saturne est imaginée. Non seulement il apparaît plausible que l'hélium soit « tombé » vers le centre de Saturne, mais sa chute se poursuivrait encore à l'heure actuelle et il faudrait lui imputer la chaleur émanant de la planète.

Finalement, en dépit d'analogies de structures, Saturne serait un monde assez différent de Jupiter. Nous venons de dire qu'à l'intérieur de Saturne l'hélium ne se mélange pas à l'hydrogène contrairement à ce qui se passe au sein de Jupiter où, en outre, l'hydrogène métallique doit être liquide : on le présume solide dans Saturne. Comme les planètes de roc, les planètes de gaz se distinguent ainsi foncièrement les unes des autres, les différences entre Jupiter et Saturne étant suffisantes pour nous inciter à voir dans chaque planète, grosse ou petite, un cas d'espèce.

Ces divergences apparaîtront avec tout leur éclat si l'on prend en considération les magnétosphères des objets.

Comme Jupiter, Saturne présente un champ magnétique inverse de la Terre : dans l'hémisphère sud de la planète se trouve le pôle magnétique nord. Mais alors que l'axe magnétique de Jupiter fait avec la ligne des pôles un angle voisin de 10° (comme pour la Terre), les deux axes sont pratiquement confondus sur Saturne. En conséquence, on aurait pu attendre que les émissions radio ignorent la rotation de l'objet. Or elles sont fortement modulées par celle-ci — permettant d'estimer à 10 h 39 min 34 s le temps d'une rotation de Saturne — sans doute parce que, quelque part sur la planète, des anomalies existent qu'aucun des engins l'ayant à ce jour survolée n'a encore détectées...

Mais bien entendu, Saturne est avant tout original par ses anneaux dont les Voyager ont révélé l'incroyable complexité : au-delà de l'anneau F, ont été découverts un anneau G et un impressionnant anneau E large à lui seul de 90 000 km, tous ces anneaux étant faits de multiples annelets. On compte ceux-ci par centaines voire par milliers. La formation a été étudiée par réflexion lorsque, au cours de l'approche, les sondes voyaient les anneaux éclairés par le Soleil, puis par transparence lorsque, dans la phase d'éloignement, les anneaux se sont interposés devant le Soleil. Enfin, un pouvoir résolvant maximal est obtenu en mesurant les variations de luminosité d'une étoile du Scorpion lorsque les anneaux défilent devant elle. Alors leur structure fine se présente

*Large de 3 500 km, la division de Cassini constitue une fenêtre à travers laquelle on peut contempler une partie de la planète ici photographiée. La faible distance depuis laquelle ce cliché a été recueilli explique que les anneaux semblent dépourvus de toute courbure appréciable, leur défilement sous la caméra n'en étant que plus impressionnant. Contrairement à ce que pourrait faire croire cette image, la division de Cassini n'est pas parfaitement transparente : en visant de l'étoile delta du Scorpion, Voyager-2 a pu y déceler un système complexe d'anneaux concentriques.*

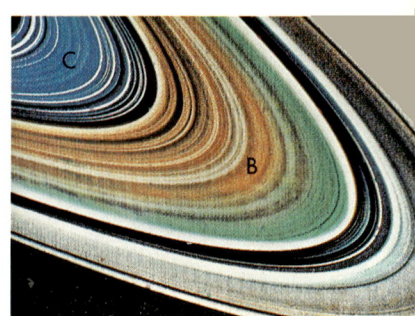

*La structure des principaux anneaux — constitués de particules de glace d'autant plus importantes que l'on est plus près de la planète — est bien mise en évidence par ces compositions colorées. Recueillie par Voyager-2 le 17 août 1981 depuis 8,9 millions de kilomètres, l'image ci-dessus permet de retrouver la division de Cassini entre les anneaux A (gris) et B (orange et vert).*

*Obtenue six jours plus tard alors que la sonde n'était plus qu'à 2,7 millions de kilomètres de Saturne, l'image de gauche montre les détails de l'anneau C, ou anneau de crêpe qui, naguère, était considéré comme le plus proche de la planète à des distances comprises entre 12 870 et 31 870 km. En fait, séparée de celui-ci par la division de Maxwell, un anneau D se trouve en deçà de cet anneau C.*

# SATURNE / Le ballet des glaçons

infiniment plus subtile que tout ce que les astronomes avaient pu penser.

Imaginez un grand disque — épais tout au plus de quelques kilomètres pour un diamètre extérieur atteignant 600 000 km — les anneaux successifs devant être assimilés aux pistes, dont on sait qu'elles sont concentriques, d'une disquette de micro-ordinateur.

Et dans chaque anneau, il faut voir une collection de blocs de glace qui constituent autour de Saturne autant de satellites autonomes, la taille de ces blocs étant métrique à son voisinage, millimétrique à grande distance.

Comment tout ceci tient-il en équilibre ?

L'électromagnétisme est soupçonné de jouer un rôle dont témoignent des raies sombres çà et là aperçues, courant le long des anneaux. Mais c'est à la gravitation que la formation doit sa structure, avec d'abord le rôle joué par des satellites bergers.

Si deux satellites encadrent un anneau, ils tendront en effet à confiner sa matière au point de rendre ses bords tranchants, l'attraction universelle prenant l'allure d'une répulsion apparente. Une telle fonction est bien mise en évidence avec le rôle joué par les satellites Pandore et Prométhée de part et d'autre de l'anneau F, curieusement torsadé de leur fait.

*Recueillie alors que Voyager-1 s'éloigne du Soleil, cette image nous montre les anneaux avec un haut pouvoir résolvant, les teintes traduisant la largeur, l'épaisseur, et l'éclairement par le Soleil des anneaux. Il faut encore compter avec le degré de saleté, variable, de la glace dont ils sont constitués et avec les phénomènes d'interférence auxquels ils donnent lieu. Ici encore, la planète est visible à travers les anneaux intérieurs.*

*C'est le 12 novembre 1980 que Voyager-1 a, depuis 717 000 km, recueilli cette image des anneaux vus à contre-jour : l'anneau B est sombre alors que la division de Cassini apparaît très claire.*

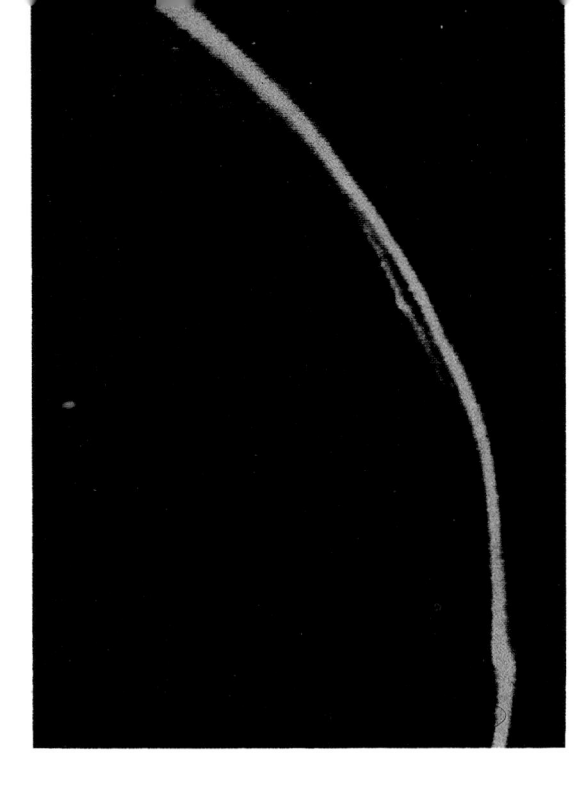

*Ci-contre à gauche, à 80 270 km de Saturne, l'anneau F photographié le 12 novembre 1980 par Voyager-1, son caractère torsadé étant expliqué par l'action qu'exercent sur lui les satellites Pandore et Prométhée qui l'encadrent. Alors que cet anneau F tourne autour de Saturne à la vitesse de 16 520 m/s effectuant sa révolution en 14 h 51 min, Pandore et Prométhée se mouvant à 16 590 m/s et 16 435 m/s, exerçant un effet répulsif sur chaque partie de l'anneau, toutes les 14 h 20 min pour le premier, toutes les 15 h 03 min pour le second. Et tous les 24 jours, Pandore double Prométhée, le tassement de l'anneau F s'accompagnant de sa déformation.*

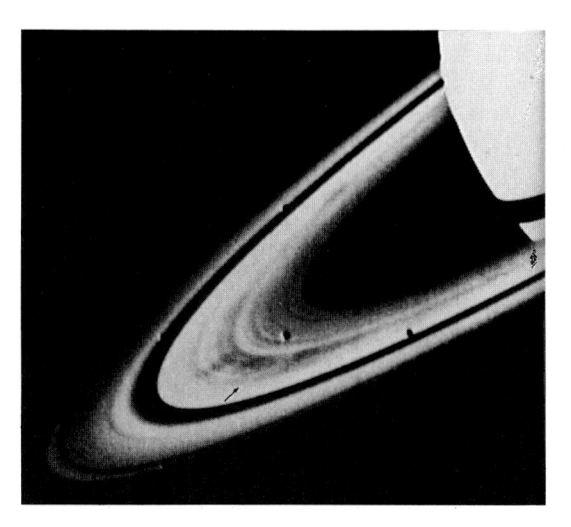

Ce phénomène n'est cependant pas général. Analysant minutieusement les clichés des Voyager, les scientifiques découvrent certes dans la zone des anneaux de nouveaux satellites qu'ils nomment Atlas, Janus, Épiméthée ; ils ne trouvent pas la collection de bergers qu'ils cherchaient. Ainsi leur faut-il renoncer à expliquer chaque anneau par deux satellites et entreprendre de rendre compte de la structure d'ensemble des anneaux d'une part en considérant l'action exercée sur eux par tous les satellites de Saturne — et en premier lieu par les trois premiers satellites astronomiques de la planète dont nous savons qu'ils se trouvent dans la zone des anneaux — d'autre part en prenant en compte l'équilibre gravifique de la matière constitutive de ces anneaux, chaque élément de cette matière subissant l'action de tous les autres.

Ne peut-on mettre cela en équation ?

Dans l'absolu certes. Mais les calculs seraient si compliqués qu'ils ne sauraient être conduits même en utilisant les plus puissants ordinateurs disponibles.

Ainsi la balle est dans le camp des mathématiciens. Ils s'appliquent à élaborer des modèles suffisamment fidèles pour que les conclusions soient transposables à la réalité tout en se situant à un degré de complication autorisant un traitement par ordinateur. Et c'est là un problème intrinsèquement passionnant pour la nouvelle approche des phénomènes qu'il exige, un problème qui, notons-le, n'est pas spécifiquement astronomique. Nombreuses sont sur la Terre les situations — météorologiques ou économiques — faisant intervenir un nombre de paramètres si élevé qu'elles ne sauraient être décrites dans leurs détails, le sens d'une science de la complexité étant de leur substituer des modèles respectifs justifiables des ordinateurs.

Saturne fait découvrir une mécanique céleste devenue elle-même transcendante...

*Des traces mouvantes — désignées par des flèches — sont visibles sur ces quatre images des anneaux recueillies le 25 octobre par Voyager-1 depuis 24 millions de kilomètres. Dénommées spokes par les Américains (rayons de roue), ces formations peuvent être suivies. Elles ont des tailles respectables puisque leur longueur dépasse 20 000 km ; elles sont éphémères, apparaissant en quelques minutes pour disparaître dans la journée. On les voit dans l'anneau B au niveau de l'orbite géostationnaire de Saturne (à 52 250 km de la surface, les lois de la mécanique imposant à un satellite d'effectuer ses révolutions en 10 h 42, temps de la rotation propre de la planète). Alors un couplage avec Saturne serait à l'origine d'orages magnétiques déplaçant les particules légères.*

# SATURNE / *MIMAS et ENCELADE, un monde mort, un monde actif*

*En s'approchant de Mimas, Voyager-1 découvre face à lui (image ci-contre) la principale formation de cet objet, le cratère Herschel dû à un astéroïde qui, en le percutant, ne fut pas loin de le briser. Au-dessus d'Herschel, le cratère dont tout le fond est plongé dans l'ombre se nomme Kay.*

*Puis, la distance diminuant tandis que l'angle de vue changeait, Voyager-1 observa la rotation de Mimas, cet objet effectuant une rotation sur lui-même dans le temps (22 h 36 min) de sa révolution autour de Saturne dont il est distant de 126 000 km, la planète l'ayant bien évidemment — plus encore que la Terre ne le fit pour la Lune — stabilisé par gradient de gravité. Recueillie depuis 500 000 km, le 12 novembre 1981, l'image du milieu permet de voir le cratère que porte l'arène d'Herschel : ainsi sommes-nous instruits de son ancienneté, nombreux étant d'une manière générale sur Mimas les cratères dont la dimension se mesure en dizaines de kilomètres. Nous retrouvons Kay au-dessus de Herschel avec, à gauche, Bors.*

*C'est enfin depuis 129 000 km qu'a été recueillie l'image du bas faisant discerner des détails de 2 km et permettant de très bien voir les fissures apparues aux antipodes d'Herschel, singulièrement Ossa Chasma, partant du principal cratère que l'on trouve au niveau de l'équateur, et Pagea Chasma.*

Féerique doit être le spectacle de Saturne contemplé depuis Mimas, son premier satellite astronomique : 155 000 km seulement séparent la surface des deux astres. Dans le ciel mimasien, le diamètre apparent de la planète atteint à lui seul 22° — plus de quarante fois la pleine Lune — les anneaux illuminant pour leur part la totalité de ce ciel.

A contrario, cette proximité de Saturne — autour de laquelle il tourne en 22 heures — rend Mimas très difficilement observable depuis la Terre. Cela explique sa découverte tardive, en 1789 seulement, par Herschel. Vu dans un télescope, Mimas apparaît comme un point.

Voici le temps où les sondes spatiales instruisent : passant à 88 440 km et 309 990 km de Mimas, Voyager-1 et Voyager-2 en font découvrir la surface avec un pouvoir de résolution kilométrique, et c'est l'heure d'une grande surprise.

La logique aurait en effet voulu que sa proximité de Saturne vale à Mimas une extrême activité. Or, contre toute attente, ce satellite — essentiellement fait de glace si l'on en juge par sa faible densité (1,2) — présente les traits d'un astre mort.

Le processus de développement d'une énergie interne par couplage gravifique n'a pas joué, les scientifiques s'étonnant en outre de découvrir à cet objet une sphéricité quasi parfaite. Vu sa taille — Mimas a un diamètre de 390 km seulement — on lui aurait beaucoup plus volontiers vu une forme « patatoïdale ». C'est l'indice d'une grande plasticité ayant permis une restructuration après chaque forte percussion. La surface de Mimas se révèle d'autre part très ancienne, criblée de cratères de toute taille, vestiges des bombardements que le jeune système saturnien ne dut manquer de subir et dont la violence fut particulièrement grande à une époque où l'on présume que les satellites ne cessaient de se détruire au cours de collisions : leurs débris enrichissaient l'anneau dans lequel naissaient de nouveaux satellites...

Ainsi peut-on observer l'impressionnant cratère Herschel ayant 130 km de diamètre (soit le tiers du diamètre de Mimas) et 10 km de profondeur, avec, en son centre, un pic de 6 km. L'astéroïde ayant créé ce cratère mesurait sans doute 10 km. Et le choc dut être violent au point d'ébranler Mimas qui, pour un peu, aurait été détruit. En témoignent les fissures — notamment Osso Chasma et Pangea Chasma — visibles sur l'hémisphère opposé à Herschel.

A la différence de Mimas, Encelade est actif, et cela surprendra de la part d'un monde de glace ayant 490 km de diamètre seulement.

Deux sortes de terrains sont visibles sur les images de Voyager-1 qui l'a, le 12 novembre 1980, survolé à 202 040 km de distance. Certains secteurs présentent peu ou pas de cratères ; leur âge ne saurait en conséquence être estimé à plus de 100 millions d'années, d'autant plus que

*Voyager-2 a recueilli depuis 119 000 km cette photographie d'Encelade faisant découvrir un monde apparemment indifférencié dans lequel reste entretenue une chaleur interne. La sonde arrivait selon une trajectoire qui la situait au-dessus du plan équatorial de Saturne. Ainsi, de cet objet put-elle observer l'hémisphère nord et la région polaire boréale, le pôle se situant sensiblement au point de départ de la grande coulée qui traverse Encelade.*

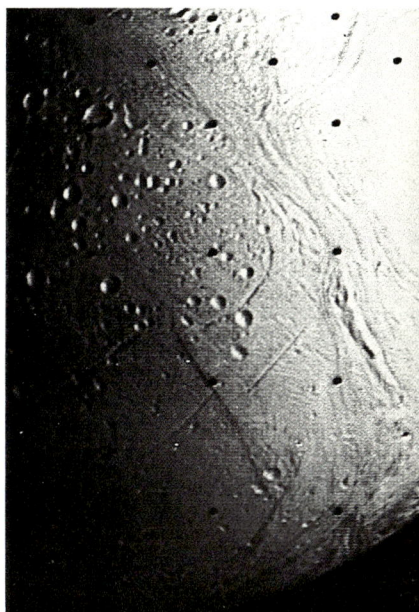

*Nous voyons ici l'aspect que présente au niveau de l'équateur cette coulée dont, si l'on en juge par la très faible cratérisation du sol, l'âge doit être estimé à 0,1 milliard d'années, le scientifique ayant repéré à la surface d'Encelade des traces de coulées plus anciennes comme si, épisodiquement, l'histoire de ce satellite avait été marquée par des pulsions de volcanisme avec, en guise de lave, une eau sale puisque la densité d'Encelade (1,3) est à peine supérieure à celle de Mimas (1,2).*

des coulées de glace témoignent d'une restructuration récente de la planète. Un manteau d'eau peut être soupçonné sous la croûte d'Encelade comme sous celle d'Europe, les scientifiques ne manquant pas d'être intrigués par cette convergence entre deux objets en deuxième position dans les systèmes astronomiques respectifs de Jupiter et de Saturne.

D'autres régions apparaissent en revanche peu, voire très peu, actives. Mais leur taux de cratérisation apprend qu'elles durent l'être à quelque moment dans le passé.

Cette activité d'Encelade est exportée.

Non seulement Encelade gravite comme Mimas, au milieu des anneaux, mais il semble les alimenter : un courant de poussière émane, en effet, de l'objet créé par certains matériaux qu'éjectent des volcans ressemblant plus à des geysers. Mais quelle serait la cause de cette activité observée sur Encelade ? Elle paraît difficilement imputable au seul effet de marée, même si l'on admet une extrême fluidité des masses centrales. Imaginez-vous un volcanisme de type traditionnel ? On voit mal pourquoi au sein de ce petit monde les éléments radioactifs auraient été particulièrement abondants. C'est pourtant une explication jugée en fin de compte plausible en dépit d'une densité pas très élevée (1,3) : le cœur d'Encelade recèlerait d'importantes quantités d'uranium et de thorium.

Pour tenter de mieux comprendre, Voyager-2 a été dirigé de façon à passer, le 26 août 1981, à 87 140 km d'Encelade : les Américains espèrent cartographier un hémisphère de ce satellite avec un pouvoir résolvant kilométrique. Malheureusement, ce jour-là, l'engin tombe en panne peu après avoir traversé le plan des anneaux au moment précis où il aurait dû photographier Encelade : un axe de sa plate-forme s'est bloqué. Ainsi les scientifiques sont privés des images à haute résolution qu'ils souhaitaient : ils devront attendre la mission Cassini.

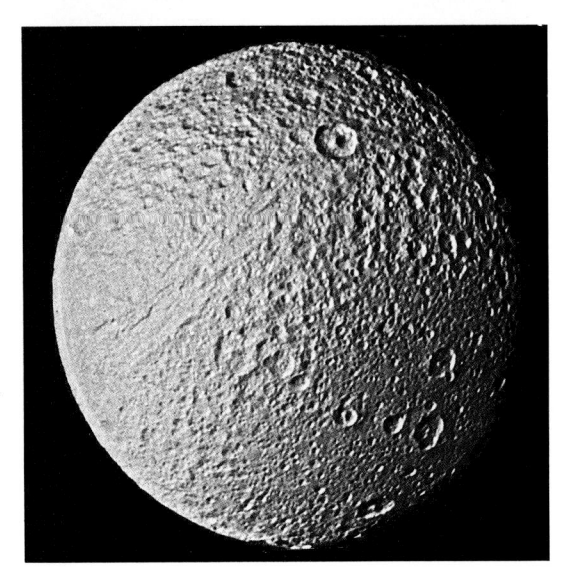

# SATURNE / *TETHYS et DIONE, de même dimension, mais si dissemblables*

*Comme Voyager-1, Voyager-2 a dû se contenter, en raison de la panne de sa plate-forme, de photographier Téthys de loin. Ci-contre sont présentées trois des images obtenues par la sonde. Elles font discerner le bassin Odysseus, la dépression Ithaca Chasma et nombre de cratères dont on remarquera tant la géométrie que la distribution. La qualité des images est remarquable vu tout à la fois la distance importante depuis laquelle elles ont été obtenues, et celle, incomparablement plus grande, sur laquelle elles ont dû être retransmises. Ainsi le 25 août 1981, c'est depuis 1 552,2 millions de kilomètres (10,396 fois la distance moyenne Terre-Soleil) qu'a été obtenue par Voyager-2 l'image inférieure.*

*Mariner-4 avait transmis des images carrées. Puis les images avaient été rectangulaires avec les Mariner suivants. Avec le Voyager les Américains sont revenus à la formule de l'image carrée particulièrement intéressante pour cadrer au mieux les mondes lointains. La définition est de 960 lignes avec bien entendu 960 points par ligne ; à raison de 6 brins d'information par point, cela représente 5 529 000 brins par image, avec la difficulté technique de transmettre de tels volumes d'informations sur de grandes distances. Avec l'antenne dont le Voyager était doté, l'utilisation d'une fréquence élevée dans la bande dite X (sur 8 418 MHz) avait permis un débit de 115 000 bauds (115 000 brins d'information par seconde) depuis le domaine de Jupiter. Depuis le domaine de Saturne, un débit épisodique de 43 800 bauds fut possible. Il autorisa la transmission d'une image quasiment toutes les deux minutes, en direct.*

Avec un diamètre de 1 060 km, et toujours dans la zone des anneaux, Téthys se trouve à 238 000 km de Saturne qui, dans son ciel, doit encore avoir dix fois le diamètre apparent de notre Pleine Lune.

Voyager-1 découvre Téthys depuis 415 670 km. Voyager-2 l'ignorera. Comme Encelade, ce satellite astronomique n° 3 de Saturne est victime de la panne affectant cette sonde dont la trajectoire avait été choisie en vue d'un passage à 93 000 km afin d'en obtenir des images à haute résolution. Ainsi, pour deux décennies, la source d'information des scientifiques va rester la collection d'images recueillies par Voyager-1, à faible pouvoir résolvant mais intrinsèquement excellentes.

Elles montrent une densité de cratères presque aussi forte que sur Mimas, révélatrice d'une surface ancienne. Comme Mimas, Téthys fut autrefois l'objet d'un bombardement intensif dont témoigne l'énorme cratère Odysseus, encore plus impressionnant que Herschel sur Mimas : le diamètre d'Odysseus atteint en effet 400 km. Sans doute, lors de l'impact dont il naquit, il s'en fallut de peu pour que Théthys ne soit brisée en morceaux.

Non sans surprise, on découvre toutefois qu'en dépit de sa taille ce cratère est peu profond : depuis sa formation, des coulées de glace l'ont en partie comblé. Et d'autres phénomènes constituent autant d'indices d'une activité tectonique qui, sans être aussi intense que sur Encelade, apparaît réelle. En particulier, les scientifiques sont très intrigués par l'existence, sur Téthys, de l'immense canyon Ithaca Chasma, long de plus de 2 000 km dont l'aspect rappelle les grandes failles de Vénus et de Mars sans toutefois que son origine soit bien comprise, les scientifiques ne parvenant pas à se prononcer entre les deux explications : une fêlure lors du choc ayant créé Odysseus ou une dilatation de Téthys quand, dans les temps ayant suivi sa formation, l'eau interne de ce satellite devint glace. Cette constatation, enfin, semblera assez surprenante : contrairement à ce que l'on aurait pu penser, la présence dans la magnétosphère de Saturne des trois premiers satellites de la planète n'affecte en rien le rayonnement hertzien dont elle est créatrice sur ondes kilométriques, ce rayonnement paraissant ignorer superbement Mimas, Encelade et Téthys.

En revanche, les émissions hertziennes de Saturne sont curieusement modulées selon une période de 2,7 jours, temps d'une révolution de Dioné autour de Saturne, comme si un radiocouplage existait entre la planète et son satellite n° 4 que prolongerait une queue de plasma. Alors que son diamètre (1 120 km) n'est pas très supérieur à celui de Téthys (1 060 km), Dioné apparaît en effet de nature particulière, comme aurait pu le faire présumer sa plus forte densité : 1,4 au lieu de 1,1 pour

*A partir de photographies recueillies par les Voyager, ce montage a été réalisé. Au premier plan, il fait voir Dioné (3) dont nous découvrons la physionomie, Aeneas (A) est sur le terminateur le plus grand cratère visible. De taille presque égale, Dido (B) est, dans l'hémisphère sud, près d'une région claire dont émanent de nombreuses coulées. Entre ces deux importantes formations, on remarque le couple de cratères Romulus-Remus, (C-D) le premier (qui est à la fois le plus grand et le plus clair) se situant au niveau de l'équateur. Les autres satellites de Saturne figurant ici sont Rhéa (1), Encelade (2), Téthys (4), Mimas (5), Titan (6).*

Téthys. Sur Dioné, la glace est mélangée à un roc, dans lequel on imagine des éléments radioactifs en quantités appréciables.

Ainsi s'expliquerait, au cours des temps cosmiques, une agitation que révèle le sol, découvert le 12 novembre 1981 par Voyager-1, la sonde passant ce jour-là à 161 250 km de Dioné.

Aux côtés de beaux cratères présentant un piton central comme Amata (220 km), Aeneas (160 km) ou Sabine et parfois, émanant de certains d'entre eux, des raies brillantes imputables à des éjections, un trait caractéristique de Dioné est sa grande variété de terrains, zones claires alternant avec vallées et fractures.

L'une d'elles — Palatina Linea — est longue de quelque 1 800 km. Depuis Amata, au niveau de l'équateur, elle court jusqu'au pôle sud et son aspect révèle une action interne, à l'instar de Tibur Linea qui, au contraire, aboutit au pôle nord. Ces craquelures observées sur Dioné semblent nées d'un processus de dégazage, comme si, sous l'effet d'une chaleur interne, un large dégazage de l'objet avait rejeté dans son environnement vapeur d'eau et méthane. A une arrivée

*C'est ainsi que se présente l'hémisphère austral de Dioné tel que Voyager-1 peut le photographier le 12 novembre 1980 depuis 790 000 km avec un système de coulées de glace. Le grand bassin que l'on voit au centre de l'image est Amata (1). En émane vers la droite Padus Linea (2) qui s'incurve rapidement vers le sud pour aboutir au cratère Sabine (3). Vers la gauche, on voit Palatina Linea (4) et plus au nord une coulée (5) arrivant d'une région proche du cratère Dido.*

*Et c'est sur un tout autre angle que Dioné est ici aperçue. Cette vue montre le raccordement entre les deux hémisphères ci-dessus évoqués. La ligne Aeneas-Romulus-Remus-Dido est dans la partie gauche de l'image. Et on voit à droite, émanant d'Amata (1), la coulée Carthage (2) en direction de deux cratères, Turnus (3) et Ilia (4).*

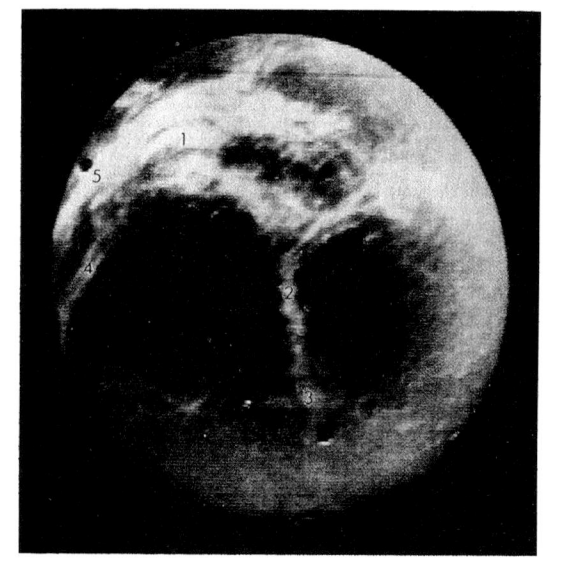

en surface de matériaux pâteux, il faut imputer des structures de gel très caractéristiques, Dioné étant apparemment passé par plusieurs stades de transformation.

L'attention des scientifiques est attirée par une curieuse dissymétrie entre les deux hémisphères de Dioné. Comme tous les satellites proches d'une grosse planète, l'objet a bien entendu été stabilisé par la gravité de Saturne : à cette planète, il présente toujours la même face. La disparité, cependant, porte non sur ces faces, mais sur un hémisphère « proue » à l'avant, dans le sens du mouvement de Dioné autour de Saturne et un hémisphère « poupe » à l'arrière, le premier étant tout à la fois plus brillant et plus cratérisé. Sombre, l'hémisphère poupe apparaît çà et là coupé de raies blanches dans lesquelles il faut voir autant de lèvres de glace.

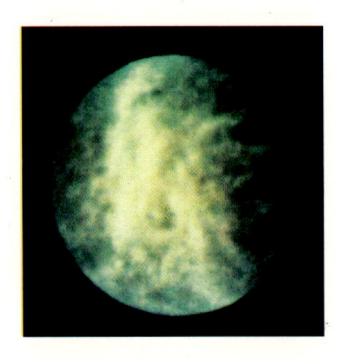

# SATURNE / *RHEA et TITAN, l'un nu, l'autre voilé*

*Ci-dessus en couleurs, Rhéa est photographié par Voyager-1 le 11 novembre 1980 depuis 1,7 million de kilomètres. Pour un tel éloignement les analogies avec Dioné apparaissent grandes. A proximité immédiate du centre (ce dernier se trouvant par 277°) le grand cratère Izanagi est visible. La teinte de cette image s'explique par l'utilisation de filtres bleu, orange, violet. Au contraire, depuis 73 000 km, c'est à Mercure que le secteur de Rhéa vu ci-dessus à droite ressemble avec une abondance de cratères.*

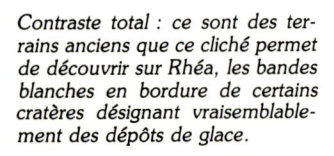

*Contraste total : ce sont des terrains anciens que ce cliché permet de découvrir sur Rhéa, les bandes blanches en bordure de certains cratères désignant vraisemblablement des dépôts de glace.*

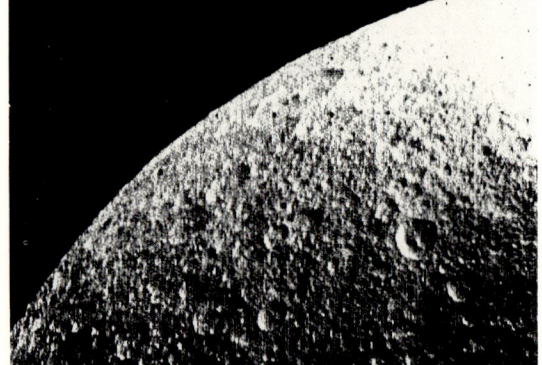

Un échelon est franchi dans la taille, avec ce cinquième satellite astronomique de Saturne, dont le diamètre atteint 1 450 km, sa densité (1,3) situant Rhéa entre Téthys et Dioné, et incitant à voir en lui un objet de glace moyennement dopé en roc.

Voyager-1 le trouve sur sa route après avoir survolé Saturne : la sonde passe à 73 980 km de Rhéa, recueillant des clichés sur lesquels peuvent être discernés des détails de 1 km.

Et que pensez-vous que les scientifiques découvrent ? Une activité plus importante que sur Téthys ou Dioné ?

C'est le contraire. On n'est pas loin de se voir en présence d'un nouveau Mimas : avec une surface très vieille, Rhéa se révèle à peine actif. Un grand bassin — Izanagi — a un diamètre de 560 km : un cratère de 100 km, Izanami, pouvant être observé sur son rempart. Nombreux sont sur Rhéa avec notamment Melo, Djuli, Xamba, les cratères de cette taille ; Bumba Majunga mesure 200 km.

Cependant, la distribution de ces formations surprend. Certaines zones de Rhéa — singulièrement dans l'hémisphère austral sur 60° de part et d'autre du méridien zéro — montrent beaucoup de cratères de quelques dizaines de kilomètres alors que dans l'hémisphère nord on observe, au voisinage de la rainure Pu Chou Chasma, un pullulement de cratères de très petite taille. Dans ce contraste, il faudrait, estiment certains scientifiques, voir l'illustration de deux phases distinctes dans l'évolution de Rhéa : les cratères importants seraient apparus lorsque le système de Saturne se forma dans une ambiance cataclysmique tandis que les petits devraient être imputés à une restructuration de ce système, consécutivement par exemple à la destruction d'un satellite important qu'une collision aurait fait voler en éclats.

Il apparaîtra étonnant que, dans l'ensemble, les cratères de Rhéa n'aient pas été dégradés par des coulées de glace. Ce pourrait être l'indice d'une croûte épaisse autant que rigide.

Titan n'a, depuis sa découverte en 1655 par Huygens, cessé d'intriguer les astronomes.

Ce sixième satellite de Saturne se présente en effet comme un très gros objet, même si longtemps sa taille est surestimée ; les sondes spatiales fixeront son diamètre à 4 912 km. C'est encore un peu plus que Mercure, mais moins que Ganymède.

Surtout, autour de Titan — fait unique pour un satellite — Kuiper a, en 1944, détecté une atmosphère épaisse renfermant du méthane. Ainsi son étude bénéficie d'une priorité absolue. Après une mission de reconnaissance confiée à Pioneer-11 — cette sonde étant passé le 1er septembre 1979 à 356 000 km de Titan sans voir autre chose qu'une brume — la NASA a assigné à Voyager-1 une trajectoire aussi proche de Titan que possible quitte à ce que, sortie du système de Saturne, la sonde ne puisse plus prétendre survoler un quelconque corps céleste : Pluton est sacrifié.

C'est ainsi à 6 490 km de Titan seulement que Voyager-1 passe, le 12 novembre 1980, à 5 h 41. On espère en découvrir les paysages avec un pouvoir résolvant décamétrique. Las, c'est la grande déception : brune, opaque, l'atmosphère ne laisse pas entrevoir le sol. A défaut, Voyager-1 a recueilli un excellent spectre infrarouge sur lequel apparaissent plusieurs hydrocarbures et le radical cyanogène. Cela vient étayer un modèle de Titan dont l'histoire est entrevue.

La conviction l'emporte d'une naissance simultanée de Titan et de Saturne dans le disque de poussière, riche en glace, dont lors de sa formation, la planète se trouva entourée. La formation de Titan, par accrétion, dut s'accompagner d'un échauffement créateur d'une décantation ; les matériaux lourds auraient formé un noyau de silicates entouré de couches liquides et solides, à base d'ammoniaque, d'eau et de méthane, ce dernier composé ayant peut-être constitué un grand océan de méthane.

Créatrice d'une pression estimée à 1,7 bar, l'atmosphère actuelle de Titan est, comme l'astronome Vaverka l'avait soupçonné dès 1973, principalement constituée d'azote : dans cet élément, il sera tentant de voir le résultat d'une dissociation de l'ammoniac par le rayonnement solaire, l'hydrogène s'étant évadé vers l'espace. Un immense tore d'hydrogène existe aujourd'hui autour de Titan, apparemment dû toutefois à une décomposition d'hydrocarbures.

Mais comment donc cette atmosphère est-elle retenue ?

S'il est légèrement plus gros que Mercure, Titan n'a pas la moitié de sa masse. Cela lui vaut une vitesse d'évasion inférieure à 2,5 km/s, comme la Lune dont nous savons qu'elle ne put conserver aucune atmosphère. De très basses températures expliquent-elles une situation là-bas radicalement différente ? On devra répondre par l'affirmative pour l'azote dont, à $-180$ °C, les molécules ont une vitesse moyenne de 294 m/s, mais par la négative pour le méthane dont, dans les mêmes conditions, les molécules se meuvent à 389 m/s. Or la rétention d'un gaz exige une vitesse de libération au moins égale à 7 fois la vitesse moyenne de ses molécules.

L'effet des saisons est pris en considération avec l'inclinaison à 27° de l'axe de Titan : son orientation est visible sur une photographie recueillie par Voyager-2 le 23 août 1981 depuis 2,3 millions de kilomètres. Et l'excentricité de l'orbite saturnienne conduit la distance Soleil-Titan à varier entre 1 425 et 1 509 millions de kilomètres, d'où un écart de 10,8 % dans l'énergie reçue du Soleil, sur la durée d'une année de Saturne (29,5 ans).

Lors du survol de Titan par les Voyager en 1980-1981, le printemps débutait dans l'hémisphère nord. Et la distance Soleil-Titan — 1 435 millions de kilomètres — était à peine supérieure à sa valeur minimale. On était très loin des conditions extrêmes que connaîtra en 1989 l'hémisphère austral de Titan : alors un éloignement maximal du Soleil coïncidera avec le solstice d'hiver. Pour peu que la température tombe en dessous de $-196$ °C, l'azote deviendra liquide : il se solidifiera là où la température descendra en dessous de $-210$ °C. En dessous de $-200$ °C, le méthane est lui-même solide, et l'argon ne saurait davantage rester gazeux.

Ainsi, doit-on, en hiver, dans les régions australes de Titan, imaginer des pluies d'azote dont naîtraient des lacs sur lesquels flotteraient des glaçons de méthane, la possibilité n'étant pas exclue que ces lacs viennent eux-mêmes à geler.

Il faut enfin compter avec les éclipses : il peut arriver à Titan de rester 1 h 30 durant dans l'ombre de Saturne.

Dans l'épisodique liquéfaction, voire une partielle solidification de l'atmosphère de Titan, on pourra voir un phénomène contribuant largement à sa conservation.

Une atmosphère dont on sait qu'elle recèle nombre de composés carbonés et notamment des polyacétylènes. A des altitudes voisines de 700 km, ils se condensent en toute saison créant la brume qui entoure Titan : leur chute sur la planète devrait donner là-bas le très étonnant spectacle d'une neige rouge...

*Titan photographié par Voyager-2 depuis 2,3 millions de kilomètres. Paradoxalement c'est peut-être à grande distance que, pour l'observation de ce monde enrobé de brume rougeâtre apparemment due à des hydrocarbones, l'imagerie est la plus féconde : l'hémisphère sud apparaît en effet légèrement plus clair.*

*L'astronome avait autrefois remarqué les cornes de Vénus. Pareil spectacle nous est offert avec Titan : vue à contre-jour (cette image a été recueillie par Voyager-2 le 25 août 1981 depuis 907 000 km). L'objet ne présente pas un croissant de type lunaire, la diffusion de la lumière par des brumes dans la haute atmosphère de Titan, se traduit par la prolongation de ses pointes bien au-delà des pôles.*

# SATURNE / *L'ultra-monde saturnien*

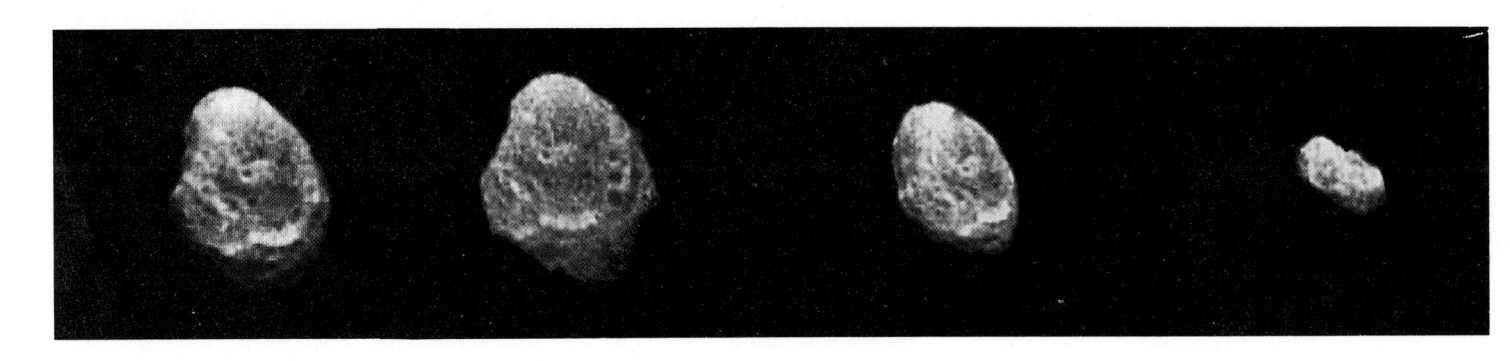

*Selon la manière dont il est vu, Hypérion — objet irrégulier s'il en fut — peut présenter tous ces aspects, ce satellite tournant follement sur lui-même autour d'un axe de direction variable. Son éloignement de Saturne (il s'en trouve à 1 423 000 km) lui vaut d'effectuer en 63,828 jours trois révolutions autour de la planète alors que, pendant ce temps, Titan en boucle quatre. L'étude de cet objet intéresse particulièrement les scientifiques : n'ayant jamais été recuit, on considère qu'il doit receler la matière primitive du système solaire.*

Alors que le nombre de satellites liés aux anneaux s'est révélé moindre que prévu, les Voyager ont en revanche fait des découvertes là où nul ne les attendait.

Ainsi, avec 50 et 60 km de diamètre, **Calypso** et **Télesto** occupent l'orbite de Téthys en ses points troyens, à 60° en avant et à 60° en arrière, là où Lagrange nous avait appris qu'existent des points d'équilibre stable. Deux satellites sont également repérés sur l'orbite de Dioné.

Quant aux trois derniers satellites astronomiques dont l'existence au-delà de Titan, était déjà connue avant le XXe siècle, ils sont tous très étranges à quelque titre.

Bouclant ses révolutions en 22 jours, **Hypérion** se trouve à une distance un peu plus grande que Titan, entraîné par ce dernier dans un mouvement d'éloignement de Saturne, au même titre que les lois de la mécanique céleste imposent à la Lune de s'écarter de la Terre. Un phénomène de résonance conduit en effet Hypérion à tourner trois fois autour de Saturne dans le temps où Titan boucle quatre révolutions.

*Le satellite Atlas (désigné par une flèche sur le cliché ci-contre) était découvert le 7 novembre 1980 par Voyager-1, à 1 470 km au-delà de l'anneau A. D'une dimension voisine de 60 km, il boucle ses 14 h 30 min. A son action est imputé le bord tranchant de l'anneau A.*

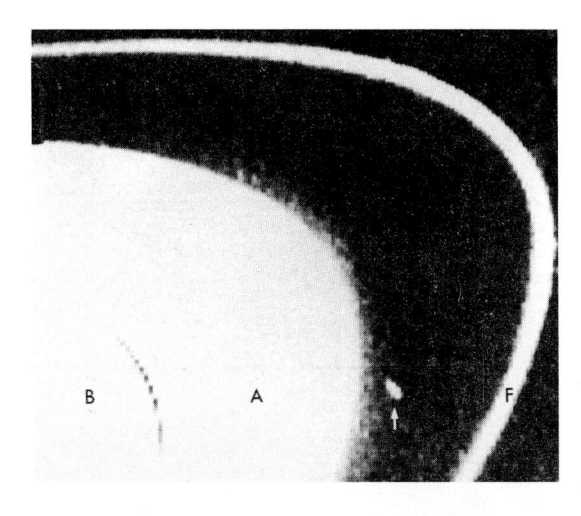

*Et nous voyons ici Pandore et Prométhée de part et d'autre de l'anneau F, confiné et torsadé par ses satellites, avons-nous eu l'occasion d'expliquer.*

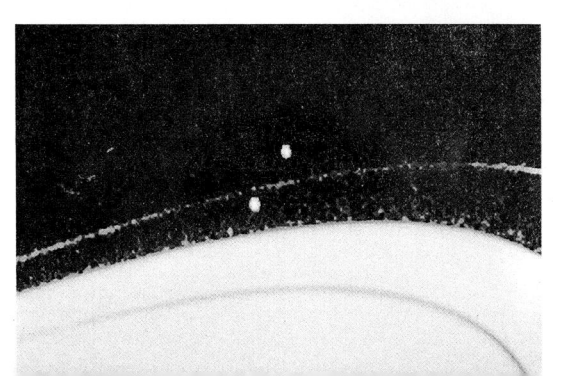

Voyager-1 le voit le 13 novembre 1980 depuis 880 440 km. Et c'est à 500 000 km que Voyager-2 peut s'en approcher le 25 août 1981 alors que la sonde aborde le système saturnien avec une plate-forme encore pourvue de tous ses degrés de liberté. Hypérion est donc observé à deux reprises, mais chaque fois de loin, depuis des distances ne permettant pas de discerner des détails en deçà de 9 km. C'est suffisant pour faire découvrir un objet fondamentalement différent de Mimas ou d'Encelade en dépit de dimensions comparables.

Les astronomes s'en doutaient : l'excentricité de son orbite faisait imaginer Hypérion né dans des circonstances particulières.

L'objet est en effet contenu dans un ellipsoïde qui mesurerait 410 km × 260 km × 220 km, mais avec une forme très irrégulière ; ainsi son aspect apparaît-il très différent selon l'angle sous lequel il est observé. Deux scénarios sont envisagés. Hypérion pourrait avoir été enfanté par la brisure de quelque ancien satellite ou bien il s'agirait d'un astéroïde capturé par Saturne grâce à une réaction de gravitation. L'objet, en tout état de cause, est resté inactif n'ayant jamais connu l'échauffement qui lui aurait conféré une forme sphérique.

Une circonstance jugée unique dans le système solaire vient ajouter à l'étrangeté d'Hypérion : une absence d'axe de rotation. A l'instar de la toupie, qui en fin de course devient folle quand sa vitesse est trop faible, Hypérion se trouve, autour de son centre, animé d'un mouvement désordonné avec une période variable...

Il n'a pas été possible de mesurer la densité de l'objet, mais sa brillance le fait présumer de glace avec çà et là, légèrement réductrices de son éclat, des plaques sombres attribuées à des dépôts d'impuretés.

Sur une orbite inclinée à 14,5°, c'est une autre énigme que pose **Japet**, à quelque 3,5 millions de kilomètres de Saturne, un objet sensiblement plus gros que Téthys ou Dioné puisque son diamètre (1 460 km) n'est pas loin d'égaler Rhéa mais avec un aspect totalement différent et une assez faible densité (1,2). Celle-ci implique une grande abondance de glaces d'eau, d'ammoniac ou de méthane, à l'enseigne d'une extrême complexité.

Un cliché recueilli par Voyager-1 révèle en

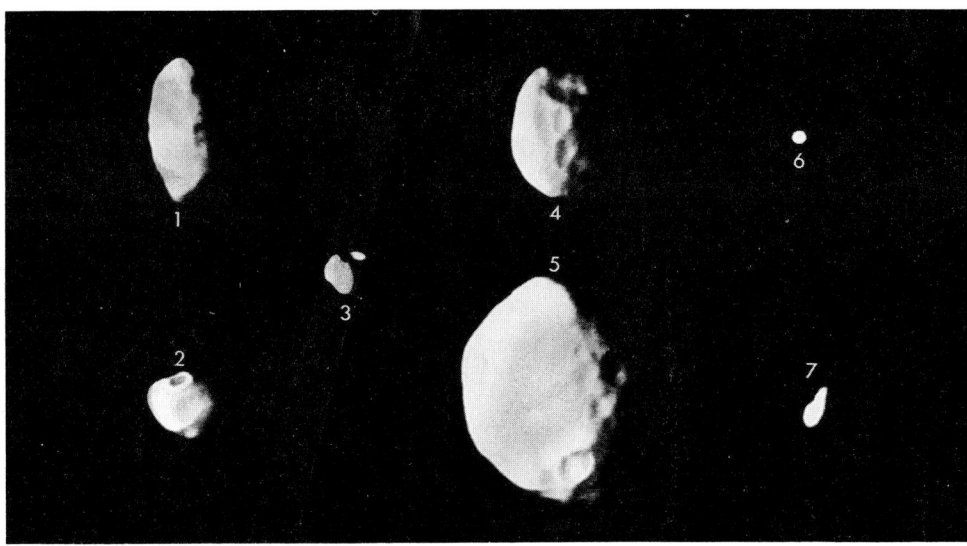

effet un contraste total entre un hémisphère brillant et un hémisphère sombre. Par chance c'est avant le survol de Saturne et donc avec une caméra intacte que Voyager-2 passe le 22 août 1981, à 1,1 million de kilomètres, confirmant l'observation de Voyager-1 qui elle-même avait corroboré une remarque autrefois faite par Cassini. Peu après avoir, en 1671, découvert Japet, cet astronome constatait que le satellite était visible d'un seul côté de Saturne, comme s'il avait été brillant sur une face et noir sur l'autre.

A un facteur interne les scientifiques attribuent une telle dissymétrie considérant que Japet aurait, beaucoup plus qu'un satellite des anneaux, mérité le nom de Janus : assez cratérisée au point de rappeler Dioné, la face arrière de Japet doit probablement son éclat à une surface de glace alors que la teinte sombre de la face avant serait due à des dépôts de matériaux, ceux-ci étant observables çà et là sur la face arrière mais à de très petites doses, singulièrement au fond de cratères. Il pourrait s'agir d'hydrocarbures retombés consécutivement à des éruptions de méthane, ce composé étant soupçonné d'exister à l'état liquide en grandes quantités sous la croûte de Japet. La distribution préférentielle des éruptions reste cependant incomprise.

Et c'est encore d'un mystère, à nouveau très différent, que nous sommes mis en présence avec le lointain **Phoebé** qui, à 12,95 millions de kilomètres de Saturne, effectue en 406 jours ses révolutions sur une orbite inclinée à 30° par rapport au plan équatorial de la planète, et cela dans le sens rétrograde, ce qui accrédite, cette fois sans conteste, la thèse de l'astéroïde capturé.

Voyager-2 le photographie le 4 septembre 1981 depuis 1,5 million de kilomètres, et ses images livrent deux sujets de méditation aux astronomes qu'impressionne en premier lieu la sphéricité quasi parfaite de Phoebé, très étonnante pour un monde dont le diamètre est évalué à quelque 200 km. Nous ne comprenions pas l'aspect incroyablement informe d'Hypérion : devant la régularité de Phoebé, nous sommes aussi perplexes.

Très déconcertant apparaît d'autre part le fort pouvoir absorbant de Phoebé. Apparemment, il s'agit d'un monde de poussières, soupçonné de présenter la surface des astéroïdes les plus primitifs. C'est ainsi l'espoir d'avoir accès, *via* Phoebé, aux événements ayant, il y a 4,5 milliards d'années, accompagné la formation des planètes.

Quand en saurons-nous davantage ? Nous évoquions ci-dessus le projet Cassini dont le sens consistera à placer un véhicule très élaboré en orbite autour de Saturne à l'enseigne d'une collaboration entre les États-Unis et l'Europe. Mais c'est seulement au XXIe siècle qu'il sera à poste. Entre-temps, l'information glanée par les Voyager est ainsi appelée à rester la manne des scientifiques avec leur imagination, leurs ordinateurs et les données accessibles depuis la Terre.

*En haut à gauche, on voit Japet photographié par Voyager-1 depuis 11 millions de kilomètres le 22 août 1981. La calotte boréale est discernable, le pôle se trouvant à proximité immédiate du cratère présentant un piton central. La bande sombre a un pouvoir réfléchissant de 0,05 seulement, le contraste étant saisissant avec les zones couvertes de glace.*

*Ci-dessus on reconnaît :*
*1 et 2 : Prométhée (80 km × 140 km) et Pandore (70 km × 110 km).*
*3 : le satellite occupant le point troyen de l'orbite de Dioné, en avant de celui-ci.*
*4 et 5 : les deux satellites Epiméthée (100 km × 140 km) et Janus (160 km × 220 km) évoluant sur la même orbite à 91 100 km de Saturne.*
*6 et 7 : les deux satellites Calypso et Télesto aux points troyens de Téthys.*

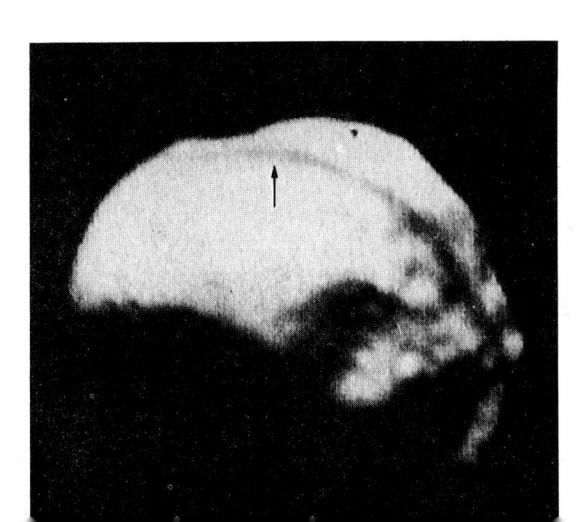

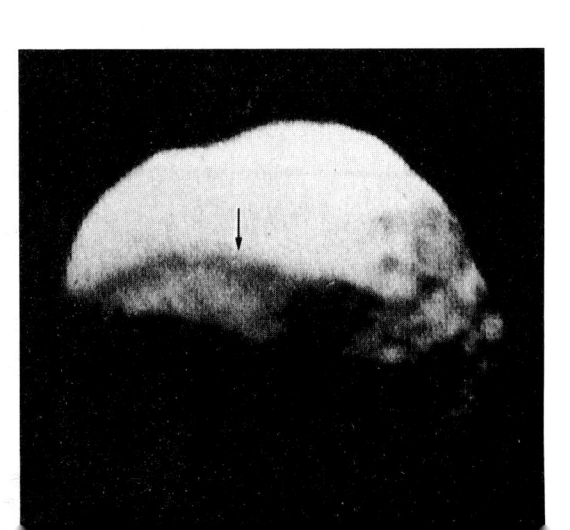

*Ainsi photographié, Epiméthée offre l'aspect d'une dent (tandis que Janus peut, sur certains clichés, être considéré comme ressemblant à une poire). Il s'agit d'un jeu d'éclairage. Les deux clichés ci-contre montrent sur Epiméthée l'ombre d'un anneau de Saturne dont la flèche permet de suivre le déplacement.*

# URANUS et ses

# satellites

# URANUS / La planète couchée

Voyager-2 inquiète quelque peu après le blocage de la plate-forme porteuse des caméras lors de l'exploration de Saturne. Mais au terme de subtiles simulations, les spécialistes comprennent qu'il s'agit d'une mauvaise lubrification d'un axe consécutivement à des mouvements trop rapides qui en ont fait fuir l'huile. La télécommande d'une gymnastique douce se révèle efficace et voici que l'engin s'approche de la première des planètes non visibles à l'œil nu.

Le 4 novembre 1985, ses instruments sont dirigés vers Uranus dont l'axe est quasiment pointé tout à la fois vers le Soleil et vers la sonde. Ce sont d'abord des semaines de déception : rien n'est discerné sur les images alors que, depuis des éloignements équivalents, d'imposantes structures étaient observables dans les atmosphères de Jupiter et de Saturne. Uranus semble, à l'instar de Titan, entourée d'une brume permanente : trois jours avant le survol, on ne voit encore rien sur la planète.

Soudain, le changement va être total. Le 24 janvier, il est 17 h 58 min 51 s TU lorsque Voyager-2 passe à 81 558 km d'Uranus en suivant une trajectoire qui, en raison de cette inclinaison à 98° de la planète, est presque perpendiculaire au plan de ses satellites. Ainsi tout le système d'Uranus doit être photographié en quelques heures. C'est une information limitée qui est d'abord envoyée depuis 2 964,4 millions de kilomètres. La sonde traversant tout à la fois l'ombre de la Terre et l'ombre du Soleil, les moyens de transmission sont réservés pour des expériences d'occultation. Finalement le 27 janvier, tout le flot des données peut arriver à Pasadena.

Et c'est l'enthousiasme, la réussite de l'opération dépassant tout ce que l'on avait imaginé. La grande distance a imposé un débit d'information réduit : au lieu de 115 200 bps (brins par seconde) pour Jupiter et 44 800 bps pour Saturne, on doit se contenter de 21 600 bps. Les techniciens ont choisi de transmettre non les éclairements des divers points d'une image, mais les différences entre un point et le suivant. Ainsi quelque 2,3 millions de brins suffiront pour l'acheminement des 5 529 600 brins représentant l'information intrinsèque d'une image.

Cette compression de l'information est fructueuse. Ce sont des surprises en cascade, et d'abord la possibilité d'arrêter enfin un modèle de la planète.

Uranus est un monde d'hélium, affirmaient certains scientifiques aux yeux desquels seul cet élément aurait expliqué l'inertie thermique — 100 fois supérieure à celle de Jupiter ou de Saturne — présentée par l'atmosphère d'Uranus. Pour rendre compte de la densité d'Uranus (1,7) un autre modèle proposait en son sein un noyau de silicates qui aurait pu être planète tellurique.

La mesure par Voyager-2 d'un taux d'hélium voisin de 12 % seulement écarte d'emblée le

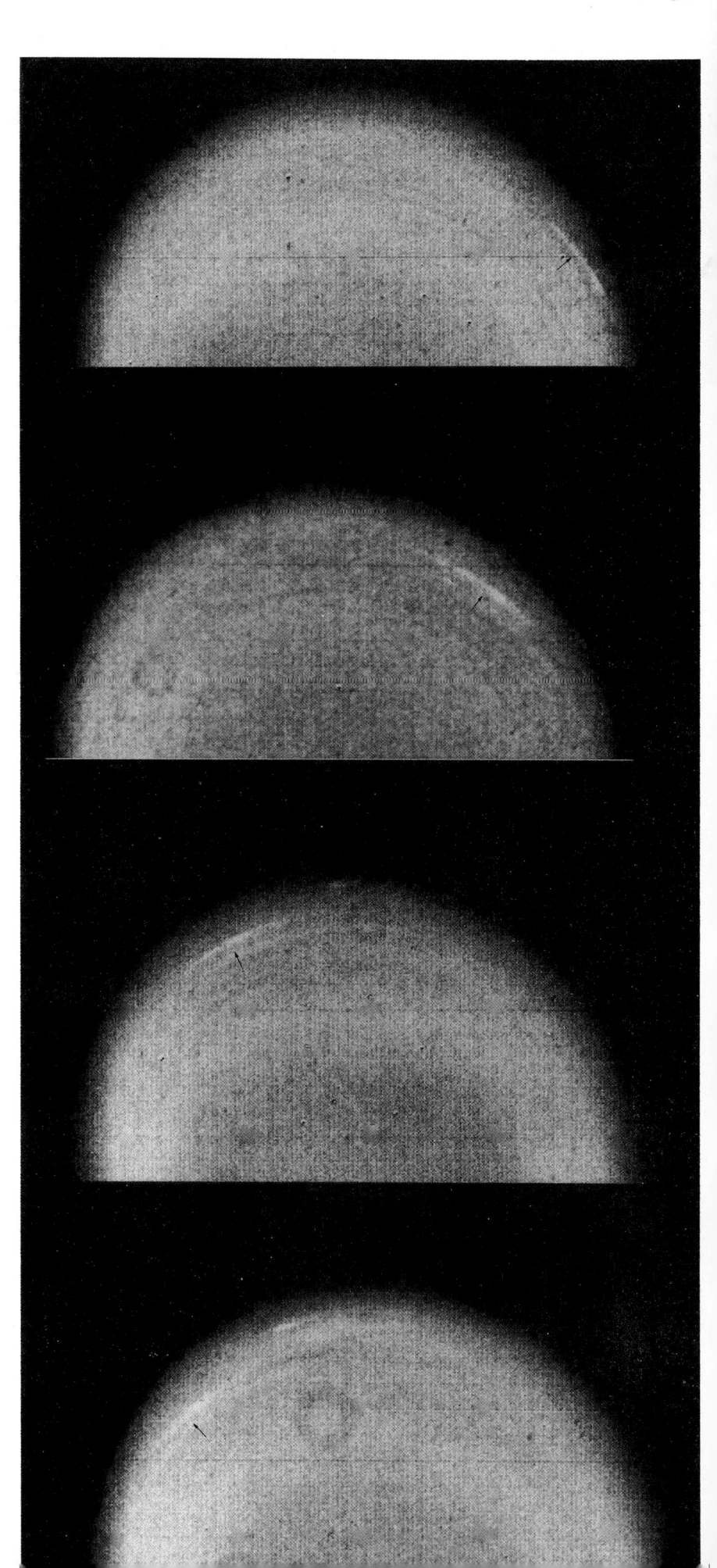

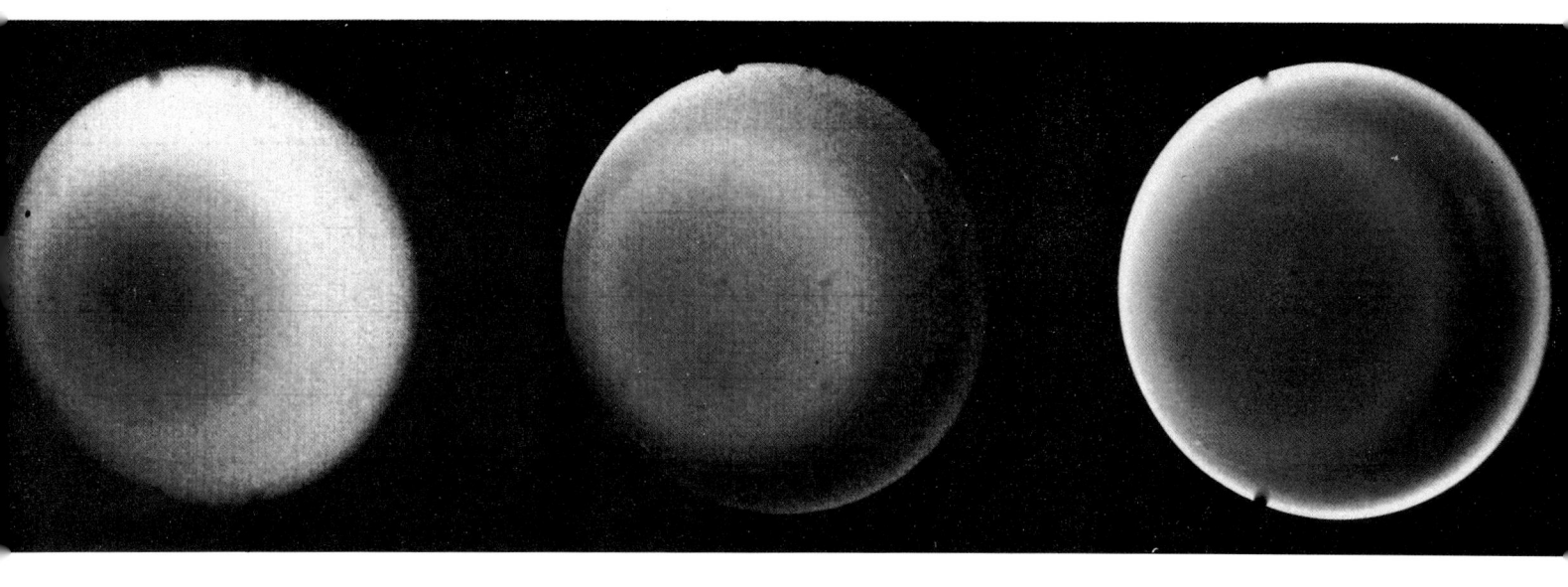

*Ci-dessus, trois images d'Uranus ont été recueillies le 23 janvier, depuis 2 100 000 km, par Voyager-2 avec utilisation d'un filtre violet (à gauche), d'un filtre orange (au centre) et (à droite) d'un filtre dit à méthane car laissant essentiellement passer la longueur d'onde de 618 nm que le méthane absorbe fortement. Sur cette dernière image, d'apparaissent claires les régions où, au-dessus du méthane atmosphérique, se trouvent des nuages à haute altitude : on les voit dans la partie supérieure gauche du disque uranusien, entraînés par des cellules convectives. A une brume de particules, la région polaire doit d'apparaître sombre dans l'image violette sur laquelle sont décelés des nuages discrets que l'on retrouve dans l'image méthanique.*

*Ci-contre, les premières formations décelées, le 14 janvier 1986, dans l'atmosphère d'Uranus : il s'agit d'une série d'images recueillies depuis 12,9 millions de kilomètres à environ 4 heures d'intervalle, le pôle étant proche du centre. On voit des nuages brillants par quelque 33° de latitude (ils sont désignés par des flèches) et également par 26°, non loin du limbe. Leur suivi va permettre de leur imputer des périodes respectives de 16,2 h et 16,9 h : l'écart implique un vent soufflant à quelque 100 m/s. Les taches annulaires sur ces images non traitées sont dues à des poussières sur l'objectif.*

premier modèle. Il faut imaginer un cœur d'Uranus rocheux dont le rayon pourrait représenter 7 500 km. Autour, on avait naguère imaginé un manteau fait d'une glace sous des pressions qui l'auraient portée à plusieurs milliers de degrés. Mais, entre-temps, Voyager-2 a traversé la magnétopause et mesuré le champ magnétique d'Uranus dont, à sa surface, la valeur (0,25 gauss) est presque celle du champ magnétique terrestre. C'est énorme — comparativement 50 fois plus — pour un rayon quadruple : l'intensité du champ magnétique créé par un barreau aimanté varie comme l'inverse du cube de l'éloignement. La variation cyclique de ce champ en 17 h 15 est considérée comme révélatrice de la rotation interne d'Uranus.

Très étrangement orienté apparaît d'autre part ce barreau fictif imaginé à l'intérieur d'Uranus : il fait un angle de 60° avec l'axe de rotation, le pôle magnétique sud étant proche du pôle éclairé et le centre magnétique d'Uranus se trouvant à quelque 8 000 km du centre géométrique, en direction du pôle nord.

Or pour rendre compte d'un tel champ, on doit admettre que des charges électriques se meuvent au sein de la planète. Ainsi à l'image d'un manteau de glace dont on aurait fixé la limite à 18 000 km du centre d'Uranus — là où la température aurait atteint 1 700 °C — est suggéré que l'on substitue le modèle d'un « océan ionique » pour traduire l'existence de molécules ionisées autour du noyau.

Au-dessus de cet océan ionique, Uranus serait essentiellement constituée d'hydrogène et d'hélium, avec de petites quantités d'hydrocarbures.

Du moins tel est le portrait-robot dressé à partir de considérations théoriques, et des données collectées par Voyager-2, dont il va sans dire que, comme pour Jupiter et Saturne, les caméras ont seulement pu découvrir les couches atmosphériques supérieures avec un filtre bleu et une couche un peu plus profonde avec un filtre orange. Tout au plus, les émissions radio ont permis d'atteindre la région où la pression représente 1,6 bar, caractérisée par une couverture nuageuse avec des cristaux de méthane, l'atmosphère tournant plus rapidement aux pôles qu'à l'équateur. Son profil est révélé en demandant au spectromètre ultraviolet de viser l'étoile gamma de Pégase.

Jupiter laissait très bien voir les formations de son atmosphère car la couche supérieure des nuages était très haute. Elle était moins élevée sur Saturne surmontée par de la brume. Elle est encore plus basse sur Uranus de sorte qu'à grande distance on voit seulement la brume.

Deux découvertes de taille concernent le phénomène dit « electrogrow » propre à Uranus — une forte luminescence électronique de la haute atmosphère diurne (à 1 500 km environ au-dessus de la couche supérieure des nuages) — et ce paradoxe : bien que le pôle éclairé soit exposé au Soleil pendant plus de 40 ans (l'année uranusienne durant 84 ans), le pôle dans l'obscurité est plus chaud de quelques degrés. Curieusement, la température du pôle éclairé (− 209 °C) est celle de l'équateur, la température la plus basse (− 211 °C) étant mesurée par 35° de latitude, cela au niveau de la couche supérieure des nuages. Pour des altitudes plus faibles, on observe d'abord une décroissance et un minimum (− 222 °C) au niveau 0,1 bar. Très haut, les températures sont au contraire élevées : 500 °C du côté du Soleil et 730 °C au-dessus de l'hémisphère plongé dans la nuit, l'atmosphère d'Uranus étant prolongée par un halo d'hydrogène et par un plasma dont la température atteint 2 millions de degrés au niveau de l'orbite de Miranda, pour dépasser 15 millions de degrés au-delà, cela sans doute en relation avec le phénomène electroglow.

Mais le comble de l'étrangeté réside dans les anneaux de la planète. Depuis une mémorable occultation intervenue en 1977 — le 10 mars, peu avant de passer devant l'étoile SAO 158 687, Uranus en interrompait la lumière à plusieurs reprises et le même phénomène était noté après émergence — on savait Uranus entourée d'anneaux qui avaient finalement été déclarés au nombre de neuf et désignés (dans l'ordre des découvertes qui n'est pas celui des

# URANUS / Des anneaux d'une grande finesse

*Ci-contre, deux images d'Uranus recueillies par la caméra petit angulaire de Voyager-2 respectivement depuis 18 millions de kilomètres (à gauche) et 9 millions de kilomètres (à droite). Des compositions colorées ont permis de faire bien ressortir — traduite par une teinte brunâtre ou rouge — la brume des régions polaires, le pôle se trouvant un peu en dessous du centre de l'image, légèrement à gauche. Une certaine analogie avec l'atmosphère de Titan se dessine. Imputée à une transformation du méthane en acétylène sous l'effet de la radiation solaire, cette brume constitue une calotte qu'entourent des bandes plus claires.*

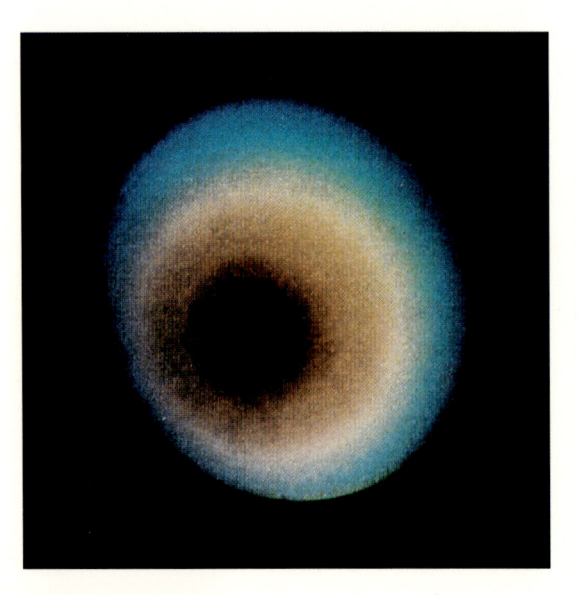

éloignements) par des lettres de l'alphabet grec, et par les numéros 4, 5, 6. L'existence de ces anneaux est confirmée par Voyager-2 qui, au cours de l'approche, découvre leur aspect avec la complexité de l'anneau epsilon relativement épais, tout à la fois en son centre et sur ses bords, mais très mince dans ses parties intermédiaires, comme si les satellites bergers, 1986 U-7 et 1986 U-8 découverts de part et d'autre de cet anneau epsilon, le confinaient.

Cependant, au voisinage des autres anneaux, en vain des satellites bergers sont recherchés. Les scientifiques doivent, comme pour Saturne, donner une solution d'ensemble au problème de l'équilibre dynamique des masses tournant autour d'une planète. Quel est le nombre des anneaux ? Sur les clichés de Voyager-2, un dixième est visible, soupçonné d'être complexe.

Les scientifiques ne sont pas au bout de leur étonnement. Les observations faites lors de l'approche les avaient conduits à imaginer des

*Ci-contre, page de droite, la pose de 96 s que permit une compensation de défilement. Recueillie à contre-jour depuis 236 000 km, cette image révèle la richesse insoupçonnée des anneaux uraniens en poussières micrométriques. Les traits blancs sont en fait des étoiles dont l'image étirée est due au grand temps de pose.*

*Une superposition des images obtenues au moyen des différents filtres montre Uranus avec cette couleur bleu-verdâtre que pourrait admirer notre œil s'il lui était donné de contempler la planète.*

*La brume polaire apparaît, ci-contre à gauche, sur une vue d'Uranus recueillie le 22 janvier 1986 par la caméra petit angulaire de Voyager-2 avec un filtre orange et deux filtres à méthane. La teinte rose périphérique est due à une réflexion par l'atmosphère de la lumière solaire avant que celle-ci ait pu atteindre les régions où elle aurait rencontré beaucoup de méthane. Un nuage caractéristique est visible, à droite, depuis 12,9 millions de kilomètres.*

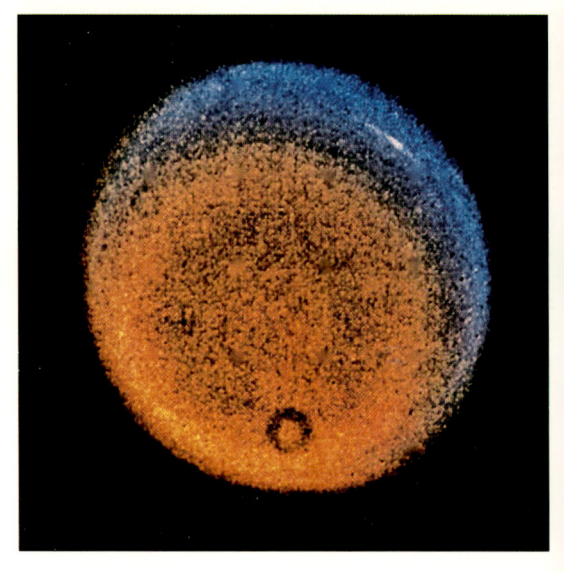

anneaux très minces constitués par des blocs de glace d'eau ou de méthane, relativement isolés.

Lors de l'éloignement, les anneaux sont étudiés d'une autre manière, en les regardant à contre-jour ou en demandant au photopolarimètre de viser à travers eux les étoiles Algol (bêta de Persée) et Nimki (sigma du Sagittaire). Cette dernière autorise un pouvoir résolvant de 7 m. En l'occurrence, un lent mouvement de rotation a été conféré à la plate-forme porteuse des caméras afin qu'elle reste dirigée vers la cible : ainsi en dépit du déplacement de la sonde, les scientifiques sont à même de photographier les anneaux pendant des durées appréciables. Ils vont jusqu'à décider une pose de 96 s. Or l'image projetée fait sensation car dégageant une grande ressemblance avec les anneaux de Saturne.

Observés avec un Soleil à 8° derrière eux, les anneaux ont en effet complètement changé d'aspect : par diffusion, la lumière fait essentiellement voir de toutes petites poussières, dont la dimension est du même ordre que sa longueur d'onde. Un radio-sondage sur 3,6 cm et 13 cm a révélé la présence dans les anneaux de nombreux blocs métriques, ceux de dimension plus petite étant en revanche rares. Cela permet d'imaginer les anneaux faits tout à la fois de gros éléments et d'une abondante poussière.

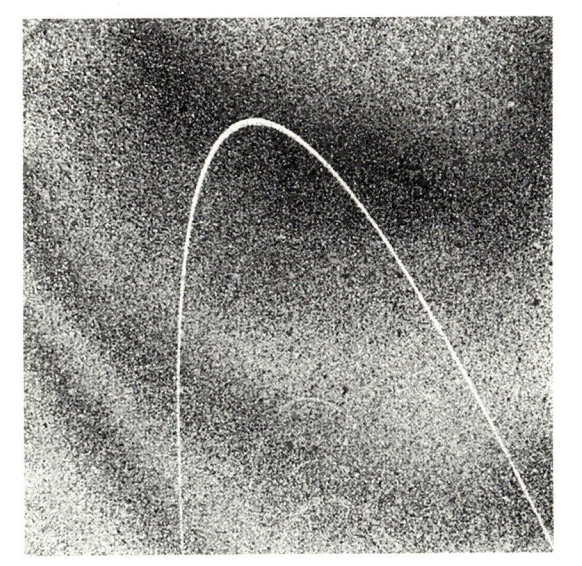

Mais pourquoi, comme l'équateur d'Uranus, le plan de ces anneaux est-il presque perpendiculaire à l'écliptique ? On suggère d'en rendre compte par la genèse même d'Uranus dont l'axe se serait trouvé incliné en raison non d'un accident mais du mouvement dont auraient été animées de grosses masses rencontrées par la planète dans la phase finale de son accrétion. Cette thèse va se trouver confortée par la considération des satellites d'Uranus.

*Cette image a été recueillie avec un filtre clair 11 min après que le plan des anneaux a été traversé. Voyager-2 est à 125 000 km d'Uranus. Pour l'astronome, avec un albédo inférieur à 0,03, les anneaux d'Uranus sont les objets les plus sombres que l'on puisse concevoir. Ils sont imaginés hérissés d'aspérités qui piégeraient la lumière. L'anneau le plus brillant est epsilon dont il apparaîtra très impressionnant que pour un diamètre de quelque 100 000 km, l'épaisseur puisse être inférieure à 25 m. Entre cet anneau epsilon et les anneaux delta, gamma, êta, visibles en bas, on discerne le 10ᵉ anneau dont l'appellation officielle est actuellement 1986 UR.*

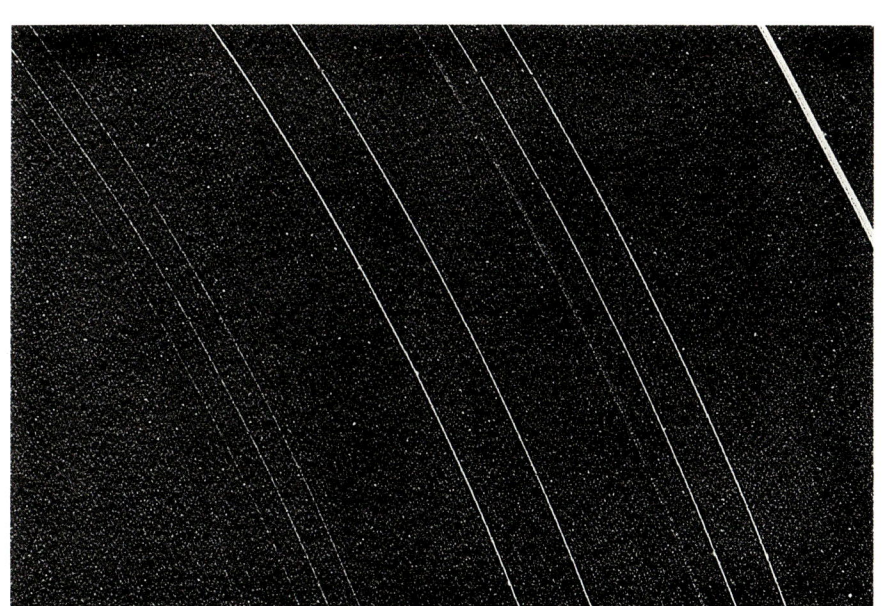

*Nous voyons ci-dessus, à droite, les anneaux astronomiques d'Uranus observés depuis 1 120 000 km.*

*Deux images vertes, deux images claires et deux images violettes ont, depuis 4,17 millions de kilomètres, donné cette étonnante séquence montrant, de droite à gauche, les anneaux epsilon (incolore), delta (verdâtre), gamma et êta (bleuâtres), bêta et alpha (un peu teintés). Au-delà, les anneaux dits 4, 5, 6 sont à la fois légèrement inclinés et excentriques.*

# URANUS / *MIRANDA, l'astre aux chevrons*

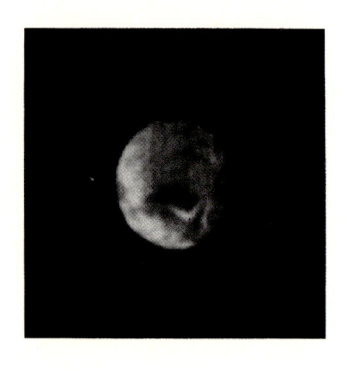

**N**on content d'avoir identifié Uranus en 1781, Herschel découvre six ans plus tard ses deux satellites extérieurs auxquels l'astronome imagine de donner des noms de héros de Shakespeare. Lassell suit Herschel dans cette voie pour l'appellation de deux autres satellites plus près d'Uranus qu'il découvre en 1851. Une voie est donc trouvée. L'Américain Gérard Kuiper ne s'en écarte pas lorsqu'en 1948 il découvre un cinquième satellite encore plus proche, à 117 200 km d'Uranus. Il lui donne le nom d'un autre héros de Shakespeare, Miranda : *la Tempête* nous dépeint le caractère tourmenté de la jeune Miranda que Prospero a emmené avec lui dans une île lointaine... Etrange prémonition.

Le 24 janvier 1986, moins d'une heure avant le survol d'Uranus, Voyager-2 passe à 29 000 km de Miranda seulement. La sonde transmet des images dont la qualité est remarquable, la compensation de défilement ayant multiplié le pouvoir résolvant par 50 : des détails plus petits que 600 m sont visibles. On voit un

*Déjà depuis 1 380 000 km (ci-dessus), le chevron de Miranda est discernable. Ses détails se précisent lors de l'approche. Il est découvert ci-contre depuis 147 000 km : obtenue avec la caméra petit angulaire de Voyager-2 munie de filtres vert, violet et ultraviolet, cette image est la meilleure, en couleur, de Miranda. La vue de droite est une mosaïque d'images recueillies entre 40 310 km et 30 160 km avec usage de filtres clairs. Elle fait ressortir sur ce satellite d'Uranus une grande variété tant de formations que d'albédos. Près du terminateur, on remarque en bas à droite, immédiatement au-dessus du segment encore manquant sur cette image, le relief très accentué de Miranda. Sur l'image ci-dessous faisant voir des détails de 600 m, l'abondance des failles, leurs orientations multiples, la différence d'âge des terrains content la tempête cosmique subie par Miranda.*

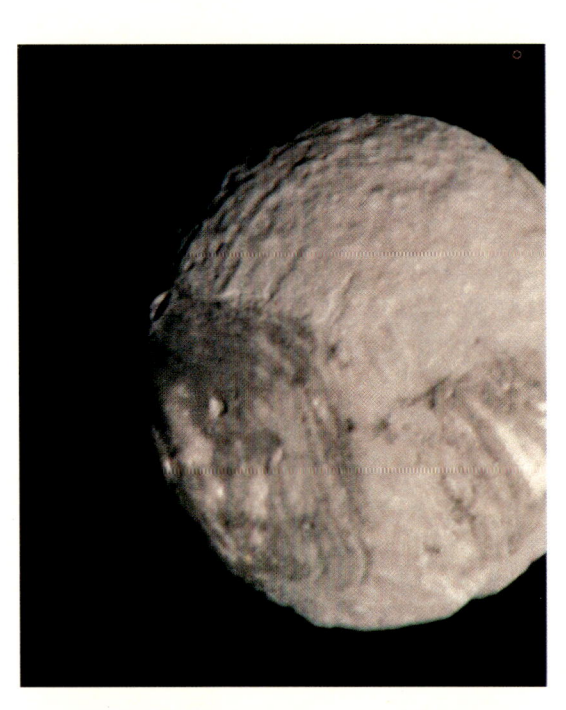

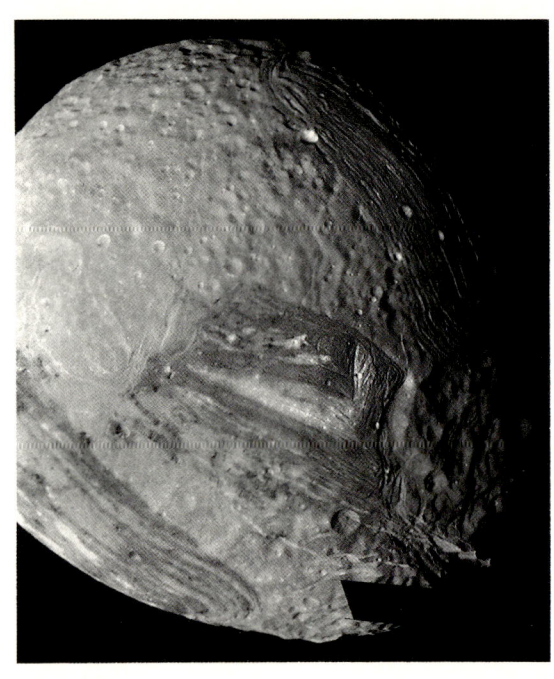

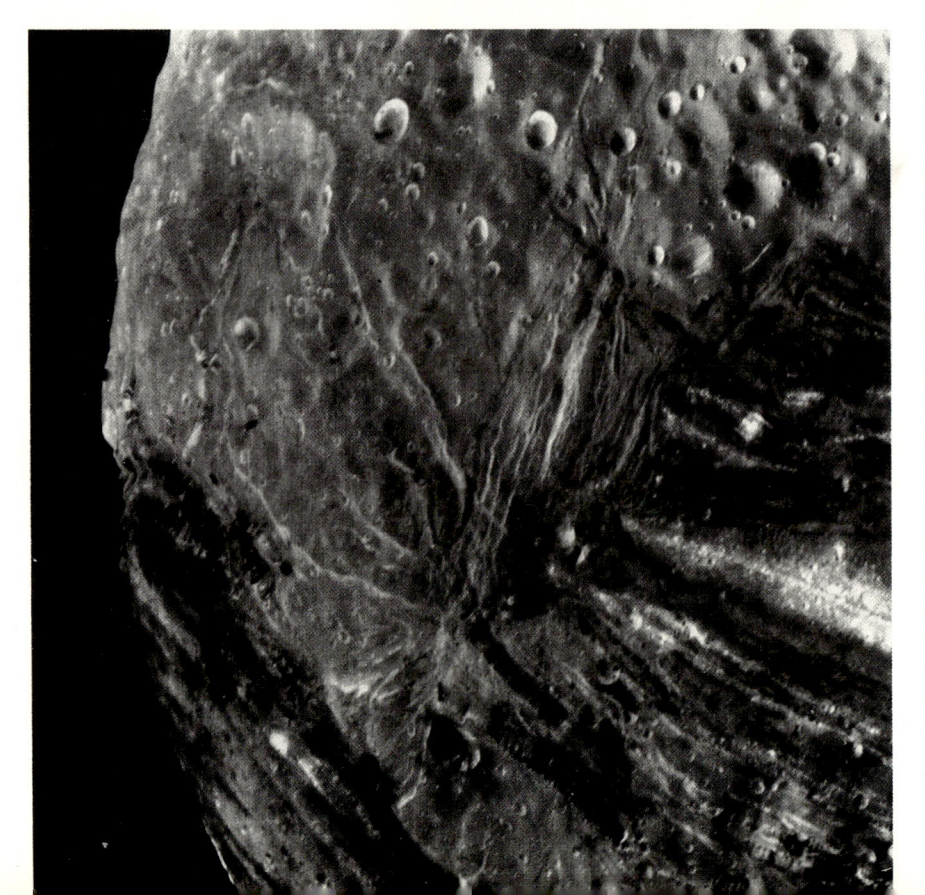

sol incroyablement tourmenté, ici jeune — avec des écoulements parallèles au relief très accentué, ponctué de fractures plus importantes que nos canyons terrestres — là ancien avec des régions très cratérisées. C'est l'indice d'une évolution incomparablement plus complexe que n'importe quel autre corps céleste. On dirait tout à la fois Mars et Ganymède : Miranda ne devrait-elle pas à une tempête uranusienne cet incroyable bouleversement de sa surface ? Une telle hypothèse est très sérieusement prise en considération. Pour rendre compte de cette formidable activité de Miranda, le premier réflexe est d'imaginer un effet de marée avec la présumption qu'un couplage aurait existé dans le passé entre les satellites d'Uranus : ils se sont asservis au point de tous graviter dans le même plan.

Mais est-ce suffisant ? D'aucuns en doutent vu la taille de Miranda. L'objet n'est pas aussi petit qu'on l'avait imaginé, Voyager-2 révélant son diamètre voisin de 480 km. C'est encore très peu. Et surtout nombre de scientifiques ne considèrent pas la structure de Miranda explicable avec le seul modèle de substances qui auraient jailli radialement sous l'impulsion d'une chaleur

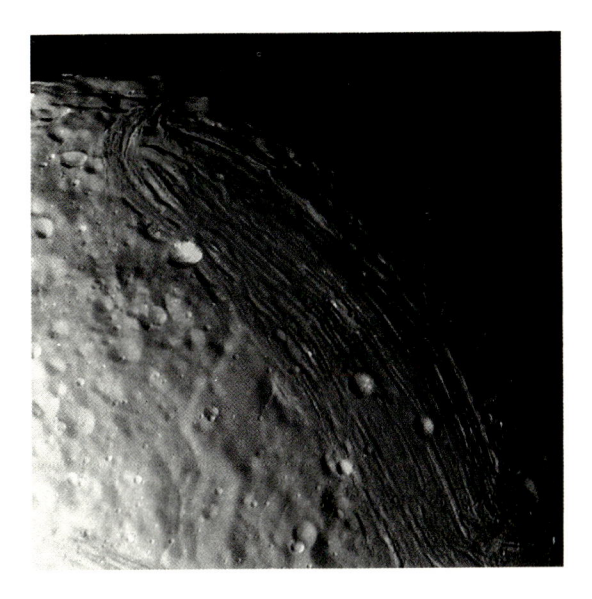

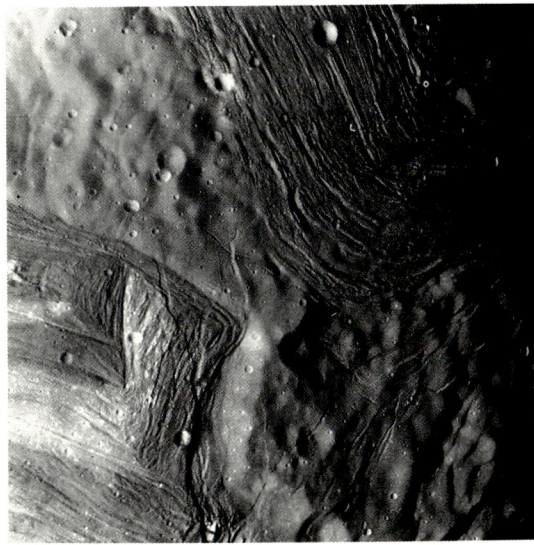

*Ci-contre, trois types de terrains relevant d'âge et de style géologique différents sont visibles sur l'image de gauche : elle montre un secteur de Miranda observé avec un filtre clair par la caméra petit angulaire de Voyager-2. On découvre en effet, côte à côte, un terrain ancien avec mamelons et cratères dégradés, de jeunes vallées flanquées de collines linéaires et enfin, près du terminateur, un terrain complexe dont l'âge apparaît intermédiaire. A droite, le chevron est vu, non loin de failles et escarpements sinueux : large de 220 km, cette image montre des détails de 600 m révélateurs du démantèlement gigantesque qui serait allé jusqu'à dissocier ce monde en une collection de satellites autonomes qui ensuite se seraient rassemblés sous l'influence de leur gravitation.*

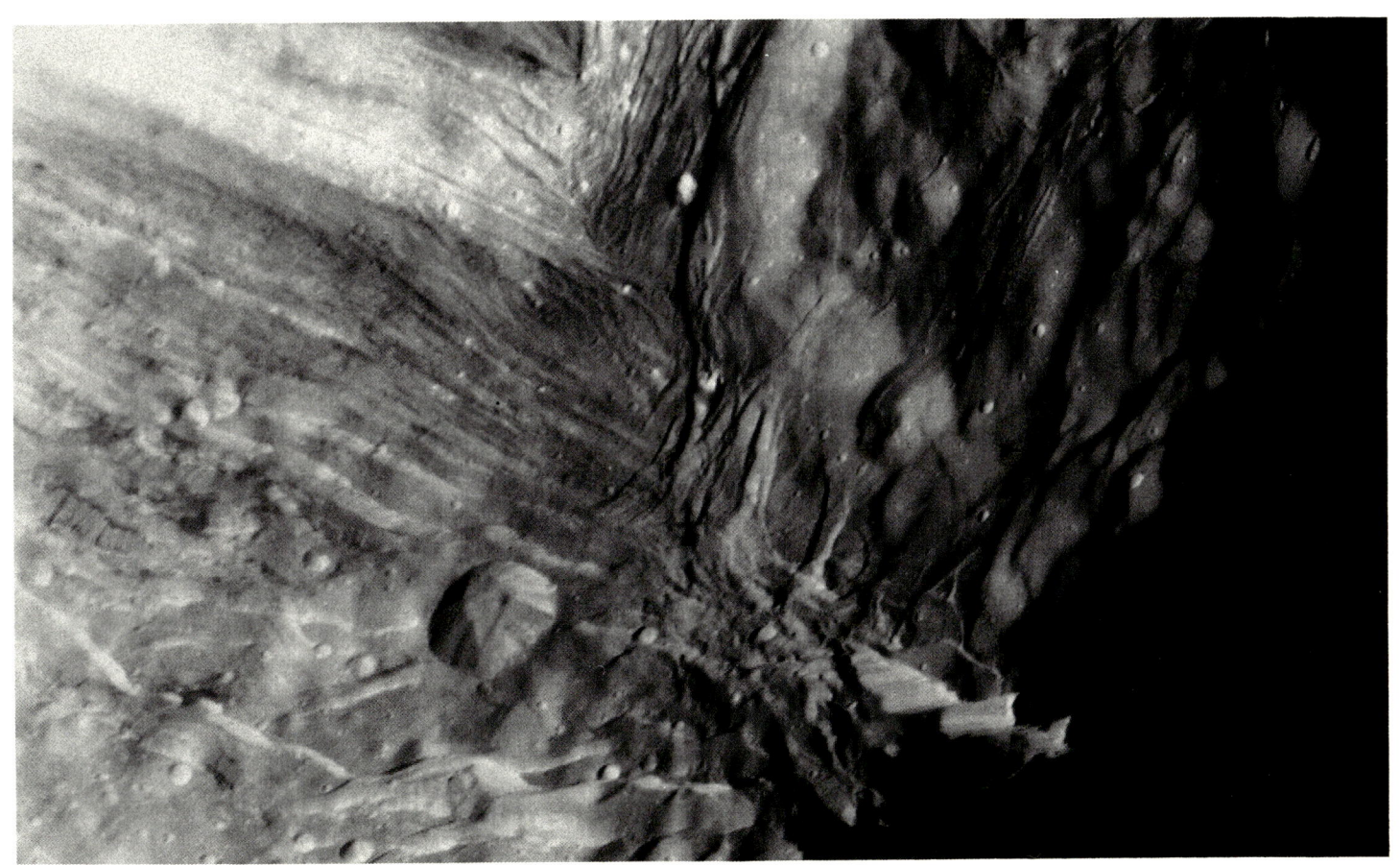

centrale. Les différenciations semblant beaucoup plus physiques que chimiques, le visage de Miranda serait mieux expliqué par un grand cataclysme qui aurait autrefois provoqué son éclatement après que l'objet, chaud quand il était jeune, se fut structuré. Entendons que, dans un premier temps, il y aurait eu décantation des matériaux constituant l'objet avec création d'un noyau central et de couches concentriques. Puis l'objet aurait été disloqué sous l'effet d'une percussion. Ses fragments se seraient alors trouvés animés de vitesses relatives insuffisantes pour les disperser ; en revanche, la gravitation aurait joué pour les recoller et avec ces morceaux maintenus assez chauds créer à nouveau une forme quasi sphérique, mais sans qu'à ce stade les températures aient autorisé une nouvelle décantation des matériaux.

*Sur ce gros plan de la région du chevron, le contraste est très net entre, à droite, un terrain haut très rugueux et, à gauche, un terrain bas qui apparaît au contraire strié avec de rares petits cratères alors que sur le terrain haut, ancien, les cratères sont nombreux et plus grands. Une falaise haute de 5 km domine une vallée plongée dans la nuit.*

# URANUS / ARIEL et UMBRIEL, crevasses et cratères

*Ci-dessus, photocomposite d'Ariel recueillie depuis 130 000 km : la surface paraît couverte de cratères en général inférieurs à 10 km, preuve de sa jeunesse ; on notera en particulier une absence complète de cratères au fond des vallées. Ci-dessous, c'est depuis 170 000 km, avec utilisation de filtres, vert, bleu, violet qu'Ariel a été photographiée.*

C'est à 179 000 km d'Uranus que gravite son satellite astronomique n° 2. Voyager-2 passe à 127 000 km d'Ariel. Les images montrent maints cratères à la limite du pouvoir de résolution — environ 5 km — avec la présomption que les cratères plus petits sont plus nombreux encore : des taches proches du limbe semblent les désigner. A contrario, les grands cratères sont rares, témoignage d'une vive activité. Les clichés révèlent un monde complexe et jeune, très agité avec des vallées d'effondrement, des canyons et de fortes différences entre les terrains : alors que l'albédo est en moyenne de 0,27 pour Ariel, il atteint 0,44 pour plusieurs aires brillantes présumées couvertes d'une glace fraîche que des impacts auraient mise à nu. Il ne fait guère de doute que l'objet soit de roc et de glace. En passant au large d'Ariel, Voyager-2 a en effet pu en déterminer tout à la fois la masse — par considération de la déviation apportée à sa trajectoire — et la dimension, par appréciation de son diamètre apparent dans le champ de la caméra : Ariel s'est révélé avoir un diamètre de 1 170 km. En conséquence, il a été possible d'en fixer à 1,6 la densité, une telle valeur autorisant des phénomènes radioactifs d'une certaine ampleur auxquels il conviendra d'ajouter l'effet de marée, celui-là même évoqué pour rendre compte d'une conservation à l'état pâteux des matériaux constitutifs de Miranda. A l'heure actuelle, aucun couplage serré ne paraît exister entre Miranda, Ariel et Umbriel, mais les scientifiques n'excluent pas qu'il en soit allé différemment dans le passé. Cela expliquerait tout à la fois qu'après l'événement ayant provoqué sa désagrégation Miranda ait pu retrouver sa forme et qu'Ariel ait été actif avec extension de sa croûte, apparition de vallées, et dans celles-ci écoulement de matériaux à une époque assez récente si l'on en juge par une absence de tout cratère important.

Une certaine convergence apparaîtra entre les destins d'Ariel et de certains satellites du système saturnien à deux différences près toutefois : la densité plus forte d'Ariel et le fait que lui fut épargné le violent bouleversement auquel le domaine de Saturne se trouva soumis aux premiers âges du système solaire. Après les événements auxquels Uranus dut son inclinaison, ses satellites leur naissance et Miranda sa restructuration, le domaine uranusien aurait connu un calme relatif dans une région du système solaire où de grandes distances séparent les objets...

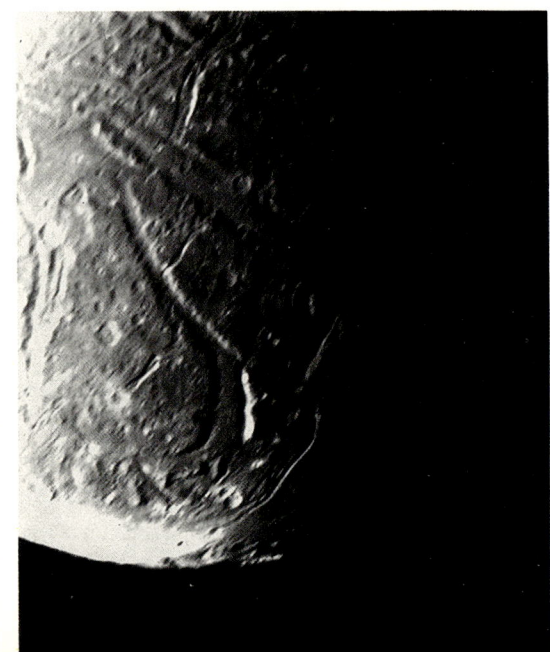

*Umbriel est ici observé depuis 1 040 000 km le 23 janvier par Voyager-2 à travers les filtres violet et clair de sa caméra petit angulaire. Des couleurs n'ont pas été obtenues pour autant car Umbriel est fondamentalement gris, sa teinte tranchant avec tous les autres satellites d'Uranus. Et il est en outre moins actif. En témoignent des cratères d'impact nombreux sur ce cliché. La tache visible près de l'équateur, par 270° de longitude, est un anneau brillant que l'on retrouve sur le cliché ci-dessous.*

Avec un diamètre de 1 190 km, Umbriel apparaîtra un peu plus gros qu'Ariel, mais plus léger, car sa densité ne paraît pas dépasser 1,5 : valeur importante dans le monde de Saturne, elle est plutôt faible dans le domaine d'Uranus. Cependant, le sujet d'étonnement est un albedo (0,16) beaucoup plus faible que celui des autres satellites d'Uranus. Voyager-2 ne s'est pas approché à moins de 325 000 km d'Umbriel mais un pouvoir résolvant de 15 km a permis d'étonnantes découvertes dont la mise en évidence de nombreux cratères d'impact, et la constatation que le bombardement de l'objet ne l'a toutefois pas blanchi. On est frappé par sa teinte. Il est noir comme du charbon...

Ne serait-ce pas parce qu'il en est couvert ?

Les hydrocarbures sont en effet présumés abondants à grande distance du Soleil ; ils pourraient prendre l'aspect de méthane gelé sur les satellites d'Uranus dont la surface est bombardée par des protons destructeurs des molécules de méthane. Libéré, l'hydrogène s'évade tandis que le carbone donne lieu à des dépôts ; ainsi pourrait être expliquée à la surface d'Umbriel la présence de charbon. L'hypothèse est séduisante. Elle ne pèche que par un point : si méthane il y a sur Umbriel (ce que l'on croit) il n'a pas été décelé par Voyager-2. Curieusement la sonde n'a détecté du méthane sur aucun satellite d'Uranus, les scientifiques ne manquant d'être intrigués par les analogies entre Umbriel et Japet.

Umbriel est le moins agité des satellites d'Uranus. C'est, dans leur système, le monde relativement calme ; on découvre sa grande uniformité avec cependant une formation brillante imaginée de glace. Umbriel est en effet considéré comme ayant un corps de silicates et une croûte de glace que recouvrirait un régolite de matériaux carbonés. Ainsi son bombardement par les astéroïdes aurait çà et là mis à nu sa glace, ce qui rendrait compte des petites taches blanches observées.

*C'est depuis 557 000 km que Voyager-2 a recueilli cette autre image d'Umbriel en utilisant seulement un filtre clair. Une formation est visible à la partie supérieure, donc près de l'équateur (le pôle est à gauche dans la direction du Soleil). Il s'agit de l'anneau brillant ayant quelque 140 km de diamètre au fond duquel une glace, présumée en provenance d'un geyser, s'est déposée. Le cratère observable sur le terminateur présente un piton central lui-même glacé.*

*Ci-contre à gauche, avec la résolution maximale, nous découvrons ici une région d'Ariel proche du terminateur sur laquelle peut être observé un complexe de flèches et de vallées transversales. On remarquera qu'aux intersections de celles-ci les failles ne sont pas visibles. Les scientifiques imaginent ces vallées nées d'un mécanisme tectonique : il les aurait laissées plates et douces jusqu'au développement du processus ayant provoqué leur remplissage par des matériaux liquides. D'autre part les cratères d'impact apparaissent nombreux. Cette image a été recueillie depuis 130 000 km : elle fait découvrir des détails de 3 km.*

# URANUS / *TITANIA, OBERON et autres vagabonds*

*Voyager-2 découvre Titania depuis 3 110 000 km (ci-dessus) avec utilisation de filtres clair, orange, violet, et ensuite depuis 500 711 km (ci-contre) : on discerne des canyons, des cratères d'impact, des taches brillantes d'où émanent des raies. Ci-dessous, enfin, Titania est observée depuis 369 000 km ; on voit les fractures imputées à l'éclatement du sol quand, lors de son refroidissement, son eau devint glace. Et on s'aperçoit qu'une des failles traverse l'arène d'un cratère dont la formation fut évidemment antérieure, preuve que des formations de divers âges cohabitent. Le grand cratère supérieur mesure 300 km. En bas, un cratère de 200 km est observable.*

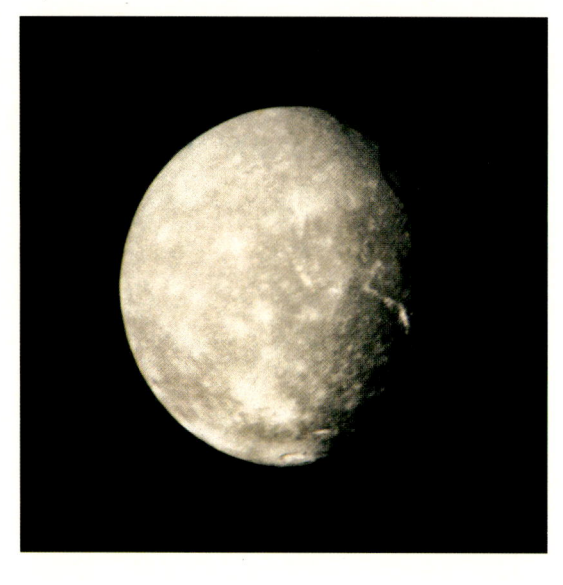

**E**n estimant son diamètre à 1 590 km, Voyager-2 nous confirme que ce satellite d'Uranus est le plus gros, et que sa densité est également la plus élevée, sans que l'écart soit important au point de justifier une classe spéciale pour les deux satellites les plus éloignés d'Uranus, comme l'astronomie l'avait naguère affirmé. Si l'on excepte le cas Miranda — très particulier pour les raisons que nous avons exposées — le trait commun entre les autres principaux satellites d'Uranus est au contraire une assez faible dispersion tant de leurs diamètres que de leurs densités, toujours comprises entre 1,5 et 1,7.

Voyager-2 est passé à 365 200 km de Titania, le 24 janvier 1986 à 15 h 10 TU. Les images montrent des fractures, témoignage d'une activité réelle mais moindre que sur les premiers satellites. Nous retrouvons la loi dont le système de Jupiter nous avait valu une remarquable illustration (et nous aurions pu en dire autant du système de Saturne n'eût été le singulier cas Mimas) selon laquelle plus un objet est éloigné de son astre-père, plus sera réduite son activité par l'effet de marée, le gradient de gravité décroissant comme l'inverse du cube de la distance. De cette activité réduite de Titania témoigne le nombre des cratères qui peuvent être aperçus à la surface de l'objet, certains d'entre eux apparaissant récents si l'on en juge par les raies brillantes qui en émanent. Titania est en tout état de cause plus actif qu'Umbriel, le satellite mouton noir. Une constatation retient l'attention. Sur Titania, une faille coupe l'arène d'un cratère : elle lui est donc postérieure, c'est l'indice d'une activité qui se poursuivit à une époque assez récente, l'événement ayant peut-être eu lieu il y a quelques centaines de millions d'années.

En outre, près du terminateur, une structure évoquant une tranchée est idéalement éclairée par un rayonnement solaire rasant. Longue de plusieurs centaines de kilomètres, pour une largeur de quelque 50 km, elle apparaît comme un autre témoignage d'une activité tectonique qui fut probablement permanente. Des formations linéaires revêtent en effet toutes les apparences de failles : or c'est selon deux directions qu'on peut les observer, comme si la croûte de Titania avait pris de l'extension consécutivement à une grande activité intérieure de cet objet de glace.

**C**'est le premier terme de la série. A peine moins gros que Titania puisque son diamètre a été estimé voisin de 1 550 km, Obéron est le satellite d'Uranus que Voyager-2 a observé le moins bien, étant passé à 470 600 km de lui, 9 min seulement avant de survoler Ariel, les opérations ayant réellement été précipitées avec la nécessité de concentrer toutes observations sur quelques heures. Comment ce satellite le plus extérieur d'Uranus se présente-t-il ? Les images montrent un sol très cratérisé avec toutefois une activité tectonique appréciable : sur le limbe, on observe une montagne haute de 6 000 m. Ainsi, alors que la séquence des satellites galiléens de Jupiter s'était terminée sur un monde mort avec Callisto, le dernier satellite d'Uranus est encore actif, peut-être parce qu'il est considérablement plus près de la planète. Obéron gravite à 572 000 km d'Uranus dont la masse moins importante est ainsi largement compensée. Ci-dessus, nous rappelions selon quelle loi varie le

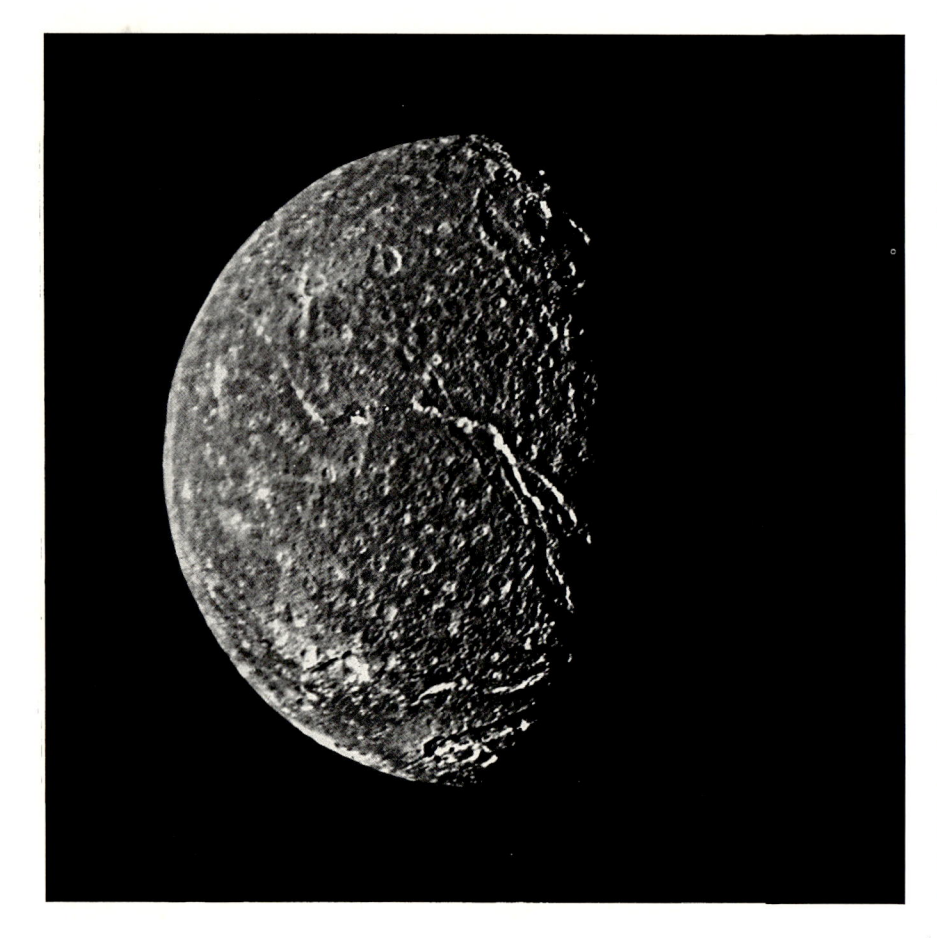

*Ci-contre à gauche, Obéron est entrevu par Voyager-2 depuis 2 770 000 km. En dépit de la distance — qui autorise seulement un pouvoir résolvant de 50 km — le contraste apparaît total entre deux types de régions respectivement à haut et bas albédo. Les taches brillantes suggèrent des structures radiales. Volontiers, on imaginera une croûte recouverte de matériaux carbonés que des impacts auraient mis à nu avec, en guise d'éjecta, des jets de neige. Et on interprétera l'intérieur blanc des cratères par l'arrivée d'une eau intérieure, en l'occurrence souillée en matériaux carbonés.*

gradient de gravité lorsqu'on s'éloigne d'un objet. Un pouvoir révolvant insuffisant (12 km) ne permet pas toujours de se prononcer avec certitude sur la nature des formations observées sur Obéron. Très remarquable apparaît cependant l'existence de taches sombres au fond des cratères, preuve d'un volcanisme de type geyser à la Encelade. D'autre part une partie morte est observée qui, elle, ressemble à Callisto avec de larges cratères d'impact d'où émanent parfois des raies brillantes.

Le système uranusien ne recèlerait-il aucun autre objet au-delà d'Obéron ? Les scientifiques marquent leur perplexité devant le fait que la totalité des nouveaux satellites d'Uranus découverts par Voyager-2 se situent à moins de 75 000 km d'Uranus, très en deçà de Miranda comme si une caractéristique du système uranusien devait être une concentration plaidant encore en faveur d'une naissance des satellites consécutivement au processus ayant incliné l'axe d'Uranus.

*C'est en deçà de Miranda que se situent les divers satellites d'Uranus découverts par Voyager-2. En haut à droite, à 60 385 km d'Uranus, 1985 U-1 est ainsi dénommé parce que la sonde l'avait observé dès le 30 décembre 1985. Presque sphérique, avec un diamètre voisin de 165 km et un beau cratère officieusement dénommé Puck, le voici photographié le 24 janvier 1986 depuis 500 000 km par Voyager-2. En raison d'un mauvais pointage d'une antenne australienne, cette image faillit bien être perdue. Il fallut ordonner au magnétoscope de la sonde de la sauvegarder alors qu'il enregistrait d'autres vues : le 27 janvier, il put la transmettre. Les satellites U-2 (à 38 655 km d'Uranus), U-3 (à 34 049 km), U-4 (à 44 224 km), U-5 (à 49 390 km), U-6 (à 36 998 km), U-9 (à 33 393 km) mesurent 80 km pour U-2 et U-3 et 50 km pour les quatre autres. A 23 593 km et 27 600 km d'Uranus, les satellites U-7 et U-8 (images du milieu) dont on peut estimer les diamètres voisins de 16 km et 24 km sont les bergers de l'anneau epsilon, ce dernier s'étendant entre 25 148 et 25 524 km.*

*Ci-contre à gauche, c'est depuis 660 000 km que Voyager-2 recueillait le 24 janvier à 12 h 30 cette image d'Obéron à travers des filtres violet, clair et vert. Des détails de 22 km sont visibles. La formation centrale est un grand cratère avec un pic brillant, et une arène partiellement recouverte de matériaux sombres. En bas, à gauche, une montagne de 6 km : son emplacement sur le limbe lui valut d'être d'emblée repérée. A la différence du dernier satellite galiléen de Jupiter, le dernier satellite d'Uranus est actif.*

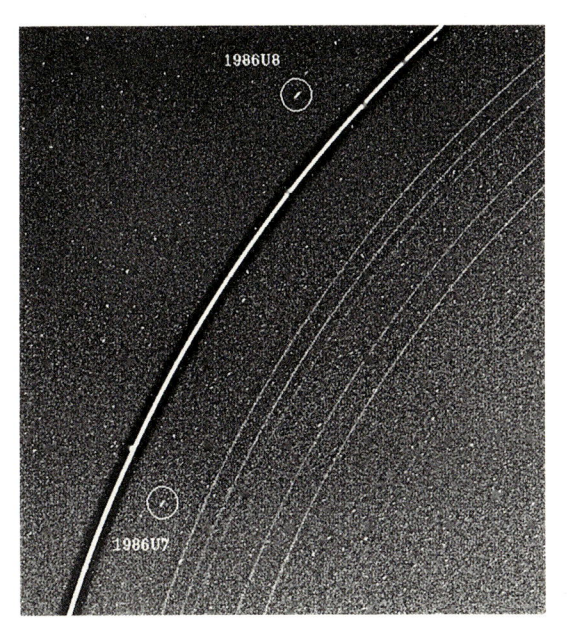

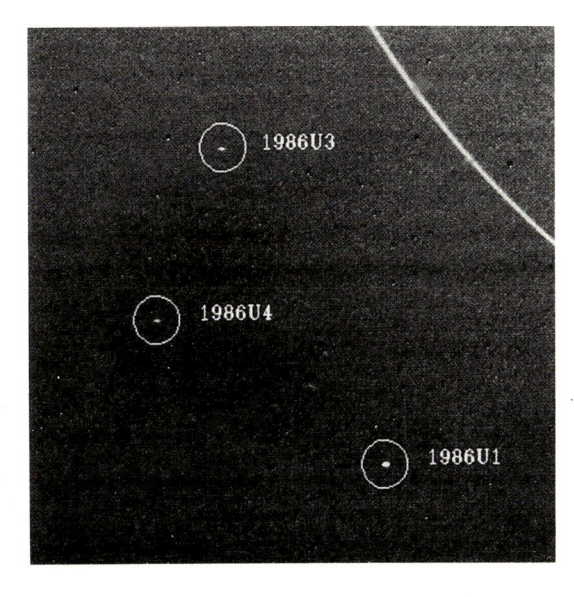

103

*Pris par Gérard Kuiper le 29 mai 1949 à l'observatoire McDonald, ce cliché volontairement surexposé montre Neptune (la tache étoilée en bas à droite) avec ses deux satellites connus, Triton et Néréide, l'un et l'autre désignés par des flèches. Triton — un énorme objet ayant 4 200 km de diamètre, à 334 000 km de Neptune — apparaît ici noyé dans le rayonnement de la planète. Néréide, que Kuiper vient de découvrir, se trouve en haut à gauche. Avec un diamètre de quelque 400 km — il est vu depuis la Terre comme un objet de magnitude 19 — Néréide effectue sa révolution en 360 jours sur une orbite très excentrique qui lui vaut un éloignement de Neptune variable entre 1,39 et 9,74 millions de kilomètres. Voyager-2 dira si d'autres satellites neptuniens existent.*

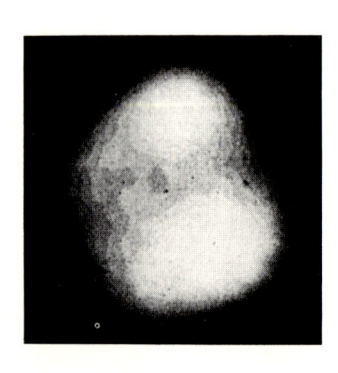

*C'est grâce à une caméra électronique, munie d'un filtre de méthane, qu'a été obtenue avec le télescope de 1,54 m du Catalina Observatory cette image de Neptune montrant, entre de hauts nuages brillants au nord et au sud, une ceinture équatoriale de méthane dans l'atmosphère basse de la planète.*

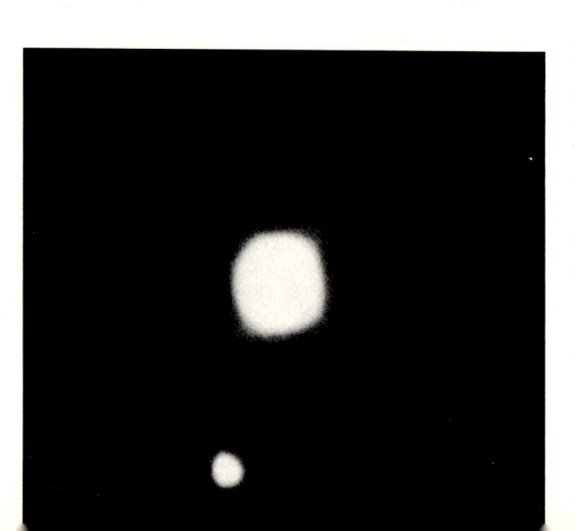

*Due également à Gérard Kuiper, cette photographie de Neptune et de Triton montre bien les dimensions relatives des deux objets. Dans un plan incliné à 30,1° par rapport à l'équateur de Neptune, le mouvement de Triton est tout à la fois circulaire et rétrograde. Et de même que Phobos se rapproche inexorablement de Mars, Triton ne cesse de voir diminuer son éloignement de Neptune. L'énorme objet éclatera en dépassant la limite de Roche...*

# NEPTUNE

Au sortir du domaine uranusien, la trajectoire de Voyager-2 a été corrigée le 14 février 1986 ; la sonde a été mise sur la route de Neptune pour un survol de la huitième planète, le 24 août 1989.

Balistiquement, la partie paraît gagnée. L'inconnue est dans le comportement des équipements ; les techniciens n'ont cessé d'améliorer un engin que de nouveaux logiciels ont rendu plus performant. Il demeure que le matériel vieillit. Jusqu'à présent, ses infirmités ont été sans conséquence. On formule beaucoup de vœux pour que Voyager-2 soit toujours opérationnel en 1989, l'actuelle connaissance des astronomes sur Neptune se réduisant à quelques considérations.

La première, théorique, concerne les analogies relevées avec Uranus : les deux mondes ont des tailles comparables et sur l'échelle des stabilités atmosphériques, ils occupent les places de tête, loin devant la Terre, Mars, Saturne et enfin Jupiter, monde de turbulences par excellence. Les rapports masse-rayon sont d'autre part, pour Uranus-Neptune, voisins comme le sont ceux du couple Terre-Vénus. Ainsi, au même titre qu'une comparaison entre ces deux dernières planètes a permis de comprendre l'évolution d'objets près du Soleil, la confrontation Uranus-Neptune devrait éclairer sur les événements à grande distance de celui-ci, Neptune étant présumée née selon le même scénario qu'Uranus, dans la même ambiance.

Et les scientifiques disposent de données expérimentales ayant fait ressortir des différences entre les deux planètes. Alors qu'Uranus ne montrait rien sur sa surface, la photographie de Neptune dans le proche infrarouge révèle une zone équatoriale sombre imputable à du méthane dans la basse atmosphère.

On sait en outre aujourd'hui qu'un semblant d'anneau existe autour de Neptune. Décelé lors d'occultations stellaires les 10 mai 1981 et 15 juin 1983, il est l'objet d'une étude systématique lors d'une autre occultation qui, le 22 juillet 1984, est visible au Chili : cinq équipes spécialisées dans ces recherches — appartenant respectivement au Caltech, au MIT, aux observatoires de Flagstaff et de Paris — se sont rendues là-bas.

Dirigés par André Brahic, les astronomes français ont pris place à La Silla : ils utilisent deux télescopes. Ceux-ci révèlent qu'au même moment — à 5 h 40 min 8,660 s TU — un objet large de 10 km se trouvant à environ 70 000 km de Neptune est passé, 0,8 s durant, devant l'étoile. Sur le moment, les Français sont les seuls à faire état de ce résultat. A Cerro Tololo, W.B. Hubbard ne trouve rien sur ses enregistrements. Mais il comprend pourquoi : le processus de dépouillement suivi par ses assistants n'était pas capable de mettre en évidence une interruption de lumière inférieure à 4 s. Le spécialiste reprend le traitement des données avec un ordinateur plus subtil et c'est pour découvrir lui-même une interruption de 0,8 s à 5 h 40 min 0,907 s, la différence correspondant très exactement au temps mis par l'ombre de l'objet neptunien pour parcourir les 100 km séparant La Silla de Cerro Tololo. Il s'agit d'un objet en longueur ayant les apparences d'un fragment d'anneau, plus peut-être que d'un anneau entier, la perspective de son observation étant très exaltante.

Elle devrait incomber à Voyager-2 dont il faut souligner que le programme de survol de Neptune a été arrêté. La sonde arrivera au-dessus de l'écliptique de manière à survoler la calotte boréale de Neptune dont l'attraction conduira Voyager-2 à traverser le plan équatorial de la planète à quelque 73 000 km de celle-ci, c'est-à-dire à proximité immédiate de l'orbite du fragment d'anneau. Puis, plongeant en direction du sud, cette trajectoire vaudra à Voyager-2 de survoler Triton, le couronnement de la mission devant être l'étude de ce très intrigant gros objet rétrograde, autour duquel une atmosphère est soupçonnée, un objet dont on ne sait encore s'il s'agit d'une émanation de Neptune ou d'un astéroïde capturé...

# PLUTON

L'existence de la neuvième planète est d'abord imaginée, voici quelque soixante-dix ans, par le fougueux Percival Lowell. Cet astronome impute les irrégularités du mouvement de Neptune à un objet dont il souhaite que l'on conduise la recherche avec de grands moyens. A cette tâche, Clyde Tombough s'est consacré : il repère le 18 février 1930 une planète à laquelle est donné un nom, mythologique certes, mais dont les deux premières lettres sont les initiales de Lowell : Pluton.

Longtemps l'idée prévaut d'un objet dont la masse serait considérable. Cependant les indices ne vont cesser de s'accumuler pour réviser en baisse les estimations de son diamètre, ramené aux dimensions de la Terre, puis de la Lune. Finalement, il apparaîtra inférieur à 3 000 km, la masse de Pluton étant bien estimée à 0,0026 Terre. C'est 5 000 fois moins que Neptune, de sorte que la situation est renversée : cette dernière planète se joue de Pluton, l'asservissant à boucler deux révolutions autour du Soleil dans le temps où elle en effectue trois, et la maintenant toujours à une distance qui ne saurait tomber en deçà de 2,7 milliards de kilomètres.

Ce couplage joue avec une orbite de Pluton que caractérise tout à la fois une forte inclinaison (17,1° sur l'écliptique) et une excentricité notable (0,249) de sorte que Pluton peut être plus proche du Soleil que Neptune. Telle est la situation depuis 1979 ; elle va persister jusqu'en 1998, Pluton étant bien observable chaque printemps (visible comme un objet de magnitude 15 dans la Vierge).

Ces circonstances — et le fait qu'aucune sonde spatiale ne visera Pluton avant plusieurs dizaines d'années — expliquent l'intérêt tout particulier porté à cet objet par les astronomes ; leurs découvertes se succèdent.

C'est d'abord en 1976 la détection spectroscopique de méthane gelé sur Pluton dont, couverte de glace, la surface brille beaucoup : ainsi put-on si longtemps se laisser abuser sur la taille de l'objet. Apparemment, une partie de ce méthane se sublime. Il paraît toutefois difficile d'expliquer sa non-dissipation dans l'espace avec une pesanteur 40 fois plus faible que sur la Terre et une vitesse de libération de 1 km/s seulement. Une rétention par Pluton de son atmosphère exigerait qu'elle recèle un gaz lourd...

C'est ensuite en 1978 une photographie recueillie par J.W. Christy à l'aide du télescope de 1,54 m de l'US Naval Observatory : Pluton porte une excroissance. On comprend que Pluton possède un satellite gravitant très près, à quelque 17 000 km : Charon. Ou plutôt Pluton doit être regardé comme une planète double : par son diamètre — 800 km — Charon est à Pluton ce que la Lune est à la Terre. Les objets se sont l'un et l'autre stabilisés par gradient de gravité : Charon présente la même face à Pluton, mais en outre, Pluton offre lui-même toujours la même face à Charon, le couple devant être considéré comme une haltère dissymétrique qui effectue en 6,34 jours sa révolution autour de son barycentre.

Pour en savoir davantage, de grands espoirs sont fondés sur le Télescope Spatial, un instrument de 2,4 m de diamètre que la navette aurait dû mettre en orbite dès 1986. Un travail hors de l'atmosphère lui vaudra un pouvoir de résolution décuplé. Depuis le voisinage de la Terre, ce Télescope Spatial enverra des images de Jupiter comparables à celles recueillies par les Voyager et, dans son programme, une large place sera faite à Pluton dont on attend que le disque soit discerné. Une pièce capitale promet ainsi d'être fournie pour reconstituer ce puzzle qu'est le système solaire, tout à la fois notre berceau et le seul cas qui nous soit accessible pour découvrir le fantastique destin que peut connaître la matière au large d'une étoile.

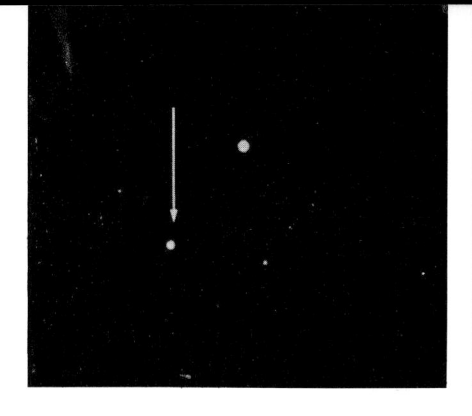

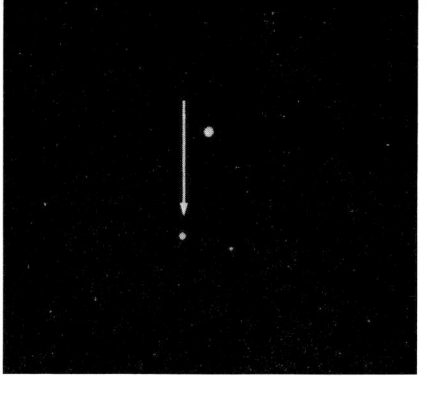

*Ci-dessus, dans le cadre d'une campagne d'observation entreprise pour découvrir la neuvième planète du système solaire, Clyde Tombourgh repérait Pluton dans la constellation des Gémeaux le 18 février 1930. L'astronome constatait ce jour-là le déplacement d'un point brillant sur deux photographies de cette région du ciel qu'il avait prises à l'observatoire de Flagstaff les 23 et 29 janvier au moyen d'un instrument à grand champ, spécialement conçu pour ce genre de recherche. Après de nouvelles observations, la découverte était officielle le 13 mars 1930. Alors on s'apercevait qu'à son insu Humason avait photographié la planète au Mont Wilson dès 1909...*

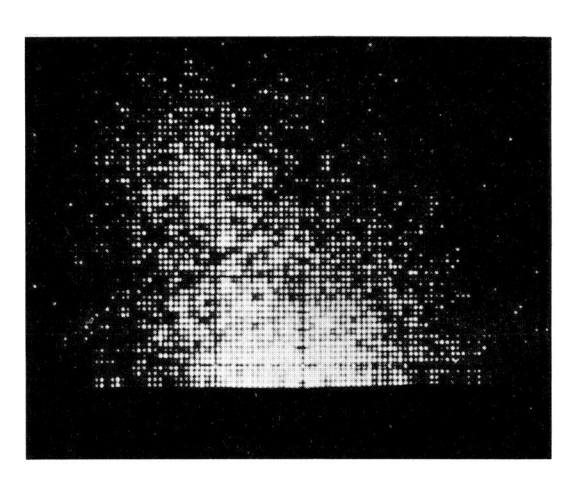

*Ci-contre l'adoption d'une méthode interférométrique sophistiquée faisant jouer à l'atmosphère terrestre le rôle de diffuseur (interférométrie dite des tavelures) permet de recueillir en 1980 cette image du couple Pluton-Charon avec le télescope Canada-France-Hawaii.*

*Enfin, la séparation des éléments de ce couple est visuellement acquise sur cette image créée par ordinateur. On découvre la taille relative de deux objets ; la forme oblongue de Pluton est due au mode de traitement de l'image utilisée.*

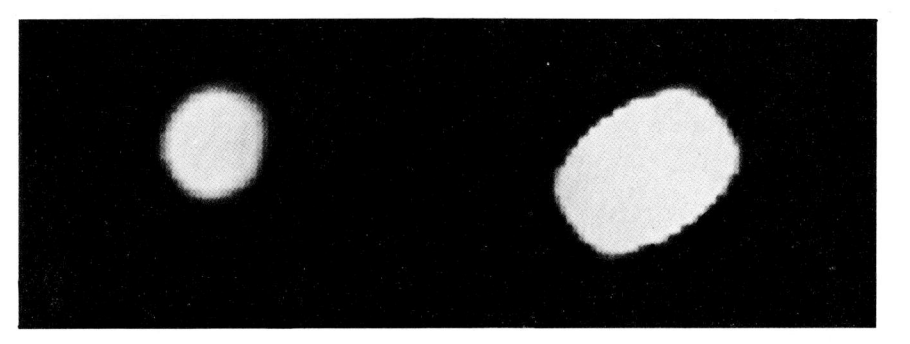

# La comète de

# HALLEY

# LA COMETE DE HALLEY / Enfin de retour

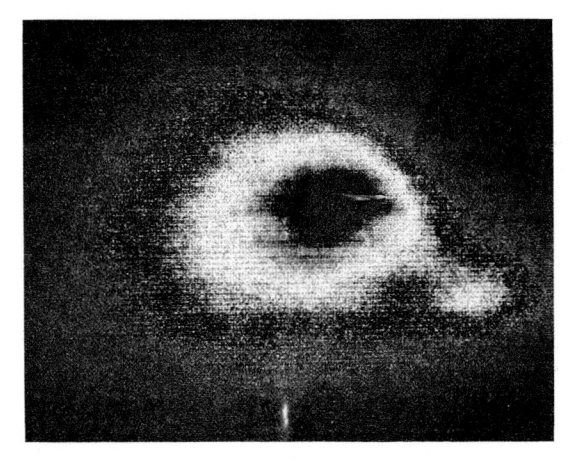

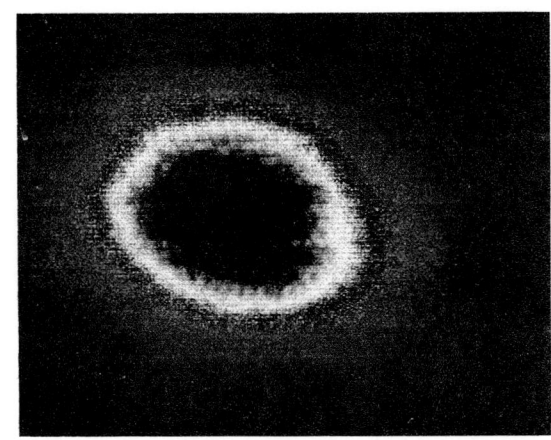

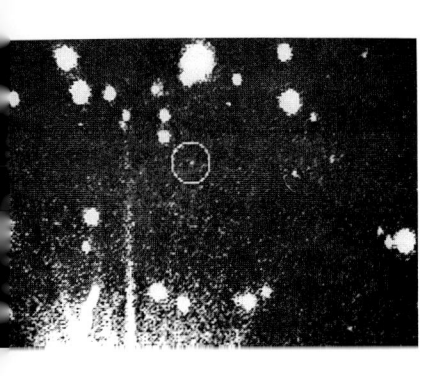

*Le retour de la comète de Halley : objet minuscule (magnitude 24,2), elle est décelée le 16 octobre 1982 près de Procyon (à 8" de l'endroit qu'a prévu D. Yeomans) par David Jewett et Edward Danielson grâce à une caméra électronique montée sur le télescope, ayant 5 m d'ouverture, du mont Palomar.*

*Se mouvant autour du Soleil dans le même sens que les planètes, la comète de Halley sera croisée à une vitesse très élevée (voisine de 70 km/s) qui rendra difficile son observation par les sondes. Mais elle a pour elle l'avantage de son passé. De son orbite, les éléments sont relativement bien connus, ce qui permet de préparer des missions en connaissance de cause. Et on sait à quel genre d'objet on a affaire. Lors de son précédent passage, la comète a en effet été au centre d'une grande campagne, les témoignages ayant été précieusement consignés par la commission des comètes de la Société astronomique et astrophysique des États-Unis. Les documents sont exploités avec des techniques modernes en vue des opérations de 1986. La page précédente nous montre, retraitée par ordinateur, une image de la comète de Halley obtenue le 19 mai 1910 par le Lowell Observatory.*

Assurément, une comète est une planète, tout corps céleste gravitant autour d'une étoile méritant cette appellation. Notre système est constitué par les satellites du Soleil, ils peuvent être classés de plusieurs manières.

Par considération de leur taille.

C'est le critère le plus volontiers retenu. Les neuf planètes principales donnent au système solaire sa structure. Toutes les autres planètes sont dites petites. Beaucoup ont été confinées entre Jupiter et Mars, mais certaines s'approchent du Soleil : il leur arrive de frôler la Terre, ou de tourner tout à la fois autour de la Terre et du Soleil. Chiron est une planète quasiment à part entière entre Saturne et Uranus.

Un autre critère est la constitution. Les planètes sont de roc et de glace, la part de celle-ci ayant toutes les chances d'être d'autant plus grande que l'on est loin du Soleil. Dans le disque de gaz et de poussière dont s'entoura le jeune Soleil, les cristaux de glace apparurent en effet nombreux : hydrogène et oxygène ne sont-ils pas les deux éléments, chimiquement actifs, les plus abondants dans l'univers ? Rien n'interdit à un objet de glace de subsister des milliards d'années, s'il reste dans une région froide.

Tel fut le sort de nombreux astéroïdes. Accélérés par les grosses planètes, ils ont été envoyés à grande distance pour alimenter un réservoir de comètes, celles-ci naissant si un corps troublant les fait retomber dans le système solaire.

La glace d'un astéroïde venant à passer près du Soleil est en effet transformée en vapeur de sorte qu'une « chevelure » l'entoure. Mais alors, celle-ci sera soufflée tout à la fois par la pression de radiation du Soleil et par le vent solaire.

Les comètes sont nombreuses. Mille ont été recensées. Une dizaine est chaque année découverte. On s'intéresse particulièrement à l'une d'elles, dont la distance au Soleil varie entre 88 et 5 300 millions de kilomètres dans un plan incliné à 162,2°. En 1705, l'astronome Edmund Halley établissait qu'elle passe près de la Terre tous les quelque 76 ans et elle connut la célébrité sous le nom de « comète de Halley ».

Elle revient à point alors que les sciences du système solaire sont en plein développement. Ainsi, pour son retour de 1986, une grande veille internationale a été organisée. De nombreuses données sont d'abord collectées depuis le sol : elles désignent bien la glace premier constituant de son noyau. La signature de la molécule d'eau est en effet reconnue en infrarouge, sur 3,2 micromètres, au Lick Observatory dès novembre 1985, et sur 2,6 micromètres au Goddard Space Flight Center. D'autre part, le radical OH a été décelé, et cela dès août 1985, par le radiotélescope de Nançay sur 18 cm, tandis que l'hydrogène était identifié en ultraviolet par sa raie Lyman-alpha.

Bien entendu les sondes sont de la partie. A une étude de cette comète, les Russes ont affecté deux engins Venera modifiés qu'ils ont dénommés Vega. Les Européens ont construit la sonde Giotto. Les Japonais ont lancé leurs deux premières sondes interplanétaires. Il s'agit d'engins différents les uns des autres et leurs routes ne sont pas les mêmes, les Vega ayant pris le chemin des écoliers puisque ayant dû passer par Vénus. Mais tous ont un même objectif, la comète, qu'ils atteindront à peu près au même endroit de son orbite à proximité de l'un des points où cette orbite coupe le plan de la Terre, pour que les vols soient économiques.

La perspective apparaît extraordinaire de découvrir un noyau de comète. C'est, affirment les scientifiques, un bloc de neige sale. Mais est-elle tassée ? Quelle proportion de roc recèle-t-elle ? Sa surface ne serait-elle pas couverte de cratères, blocs de glace ou résidus laissés par une dégradation des matériaux carbonés ? On se pose ces questions et beaucoup d'autres.

Mais verra-t-on réellement le noyau ?

Nombreux sont les scientifiques à craindre que l'activité de la comète ait eu pour conséquence de l'entourer d'un brouillard. Leurs appréhensions sont justifiées, nous apprend le VLA ou Very Large Array, un ensemble de 27 radiotélescopes mobiles sur rail près d'Albuquerque). Or au début de 1986, les chercheurs utilisant ce VLA sont formels : le noyau de la comète est entouré d'un épais cocon de poussières dont le

*Le noyau de la comète de Halley est ici vu lors de l'approche par la caméra petit angulaire de Vega-1. De cet instrument dont la focale atteint 120 cm, l'optique est française et l'électronique hongroise, les cellules étant soviétiques. Un traitement des images a traduit l'éclairement par des couleurs : rouge, jaune, vert, indigo, bleu, correspondent à des brillances décroissantes. Ainsi peut-on imaginer la forme allongée du noyau, la partie brillante de la 2ᵉ image représentant 7 km, et d'autre part présumer l'existence d'un jet de matière dont les images 1 et 3 montreraient l'orientation, avant et après le survol.*

diamètre peut être estimé à une vingtaine de kilomètres.

L'émission de ces poussières va avoir pour première conséquence d'éprouver sérieusement les engins. Tous seront malmenés : la dégradation des panneaux de photopiles se traduit par une perte de puissance qui représentera 45 % pour Vega-1, 20 % pour Vega-2, indépendamment des dommages qui affecteront les équipements. Les projets de réutilisation de ces engins pour d'autres missions seront sérieusement compromis. Surtout, ce cocon interdira de voir le noyau lui-même. On ne pourra que le deviner à travers son enveloppe de brume.

Et ce n'est même pas facile au vu des images transmises par Vega-1 le 6 mars : à 7 h 19, le véhicule spatial passe à 8 940 km du noyau. Sur les images recueillies — faisant découvrir l'éclat du brouillard dont le noyau est entouré — on discerne en effet deux centres brillants et, sur le moment, les chercheurs sont perplexes. Certains croient à l'existence de deux noyaux ; d'autres considèrent que Vega-1 aurait photographié le noyau et une forte éjection de matière qui aurait émané d'un noyau « en longueur ».

*Ci-dessous à gauche, faute d'avoir pu faire voler sur une navette l'observatoire Astro-1 équipé de deux caméras à champ étroit et de trois télescopes que l'université John Hopkins, l'université du Wisconsin et le Goddard Space Flight Center avaient spécialement construits pour étudier la comète de Halley, les Américains ont fait observer celle-ci pendant 250 heures par le satellite IUE (International Ultraviolet Explorer) : nous en voyons ici une image. Suivi depuis Villafranca en Espagne et Greenbelt aux États-Unis, ce satellite constate que l'éclat de la comète peut doubler en quelques jours. IUE peut mesurer le taux d'éjection d'eau par le noyau ainsi que les abondances de carbone, de soufre et d'oxygène dans la chevelure.*

Tel est le cas. Le noyau de la comète de Halley est très irrégulier, fondamentalement dissymétrique, avec un gros bout et un petit, de sorte que sa forme évoquerait une poire, longue de 12 km et large de 6 km...

Toute ambiguïté est levée avec Vega-2 qui, le 9 mars, passe à la même heure à une distance du noyau à peine plus faible du noyau (8 030 km). L'expérience est marquée par divers incidents techniques. Mais là encore, une directivité est révélée : les poussières semblent essentiellement émises dans un cône dont l'axe pointerait le Soleil et dont l'angle au sommet mesurerait 70°. Surtout les observations peuvent se faire dans de meilleures conditions.

Déjà, en effet, la comète s'éloigne assez vite du Soleil : elle en était à moins de 88 millions de kilomètres le 9 février. La distance Soleil-comète est proche de 118 millions de kilomètres le 6 mars à 0 h ; elle atteindra 135 millions de kilomètres le 14 mars à 0 h. D'où une activité sur la voie d'une décroissance relativement rapide. Cela se traduit par un flot de poussières réduit d'un facteur 4 entre Vega-1 et Vega-2.

Un facteur 10 sera enregistré entre Vega-1 et Giotto. Cependant ce sont tout au plus les contours du noyau que peut entrevoir la sonde européenne, celle-ci ayant été asservie à suivre une trajectoire étudiée pour l'en faire passer à une très faible distance.

L'approche débute à 20 h 25 le 13 mars ; c'est le rythme d'une image toutes les 10 min en attendant que, dans la phase finale, une vue soit transmise toute les 4 s. Là encore, la solution de la composition colorée a été retenue pour bien faire ressortir les différences de brillance.

Il est 0 h 02 TU, le 14 mars, lorsque Giotto transmet sa dernière image. La sonde est encore à 1 100 km du noyau mais sa caméra ne peut plus le suivre. Et d'autre part, 2 s avant le survol, l'engin est déséquilibré par un impact. C'est muet qu'il passe à 590 km du noyau. 25 min durant,

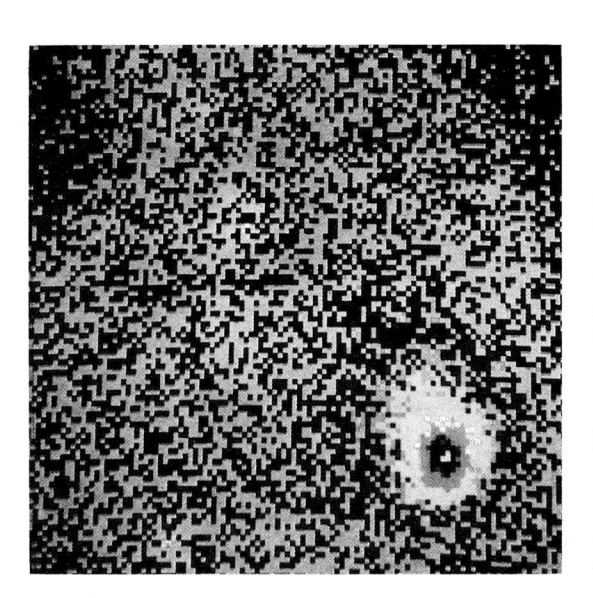

*Ci-contre à droite. Le Soleil s'interpose entre la Terre et la comète passant par son périhélie, de sorte que notre planète est mal placée pour l'observer. Vénus occupe, au contraire, une position idéale sur son orbite. Toujours actif depuis sa satellisation en 1978 autour de la planète voisine, Pioneer-Venus 1 peut avec son spectromètre ultraviolet recueillir 20 000 images de la comète. Leur compilation en montre ainsi le halo d'hydrogène long de 40 millions de kilomètres et large de 27. Les données permettent d'évaluer à 40 t/s le taux de sublimation du noyau.*

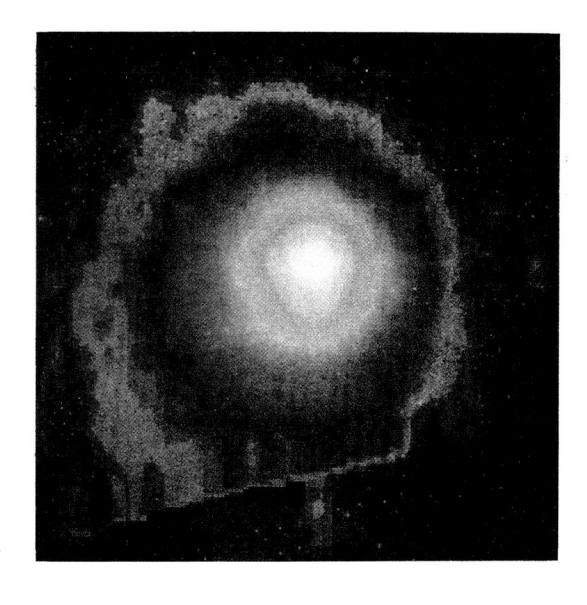

# LA COMETE DE HALLEY / Un cœur de glace

*Ci-contre, c'est sa caméra grand angulaire, dotée non d'un télescope à miroir mais d'un système à lentilles (15 cm de focale), que Vega-2 doit utiliser le 9 mars en raison d'une défaillance de l'ordinateur de bord. Normalement cet instrument était réservé à la visée, mais le nombre de pixels ayant été plus élevé (256×512 au lieu de 128×128) le pouvoir de résolution a pu être le même (200 m). Là encore sont mis en évidence tout à la fois l'aspect piriforme du noyau et le phénomène de fontaine : les éjections émanent évidemment de la partie éclairée du noyau, face au Soleil, mais la radiation de ce dernier tend à les arrêter et à les refouler vers l'arrière. On voit ici la comète de Halley avant, pendant et après le survol de Vega-2.*

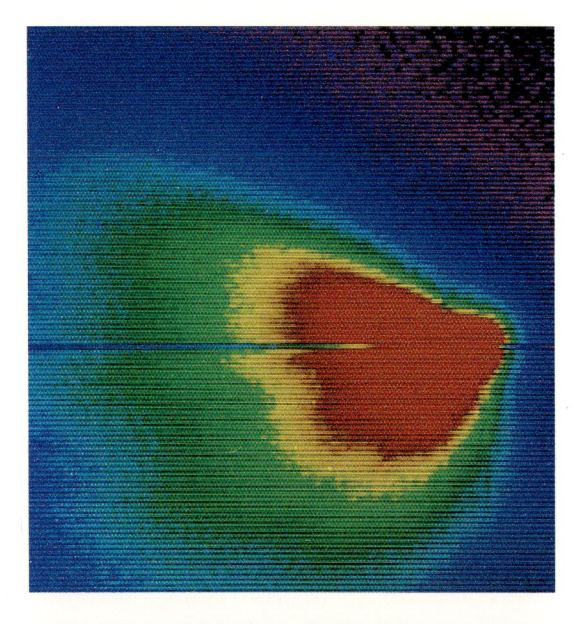

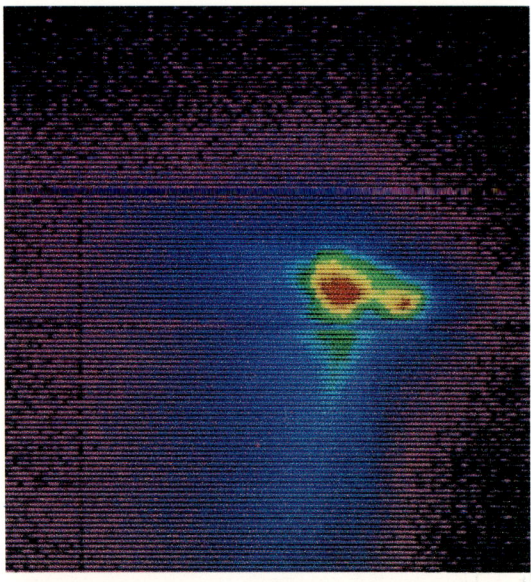

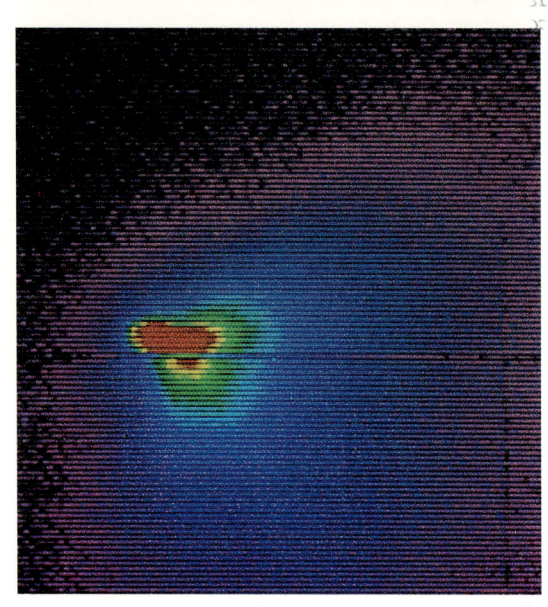

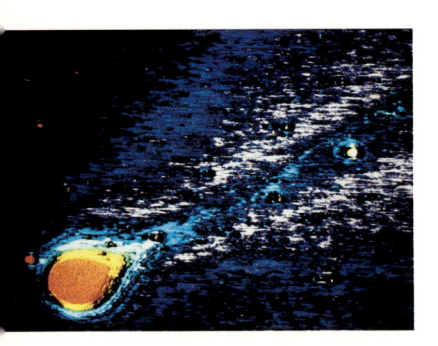

*Ci-dessus, vue dans le ciel de l'observatoire de Haute-Provence, la comète a donné lieu à cette belle composition colorée. Sa chevelure est prolongée par deux queues respectivement dues aux poussières (neutres) et aux gaz (ionisés). Les premières sont repoussées par la pression de radiation du Soleil et suivent en conséquence la direction antisolaire. La queue ionisée est, pour sa part, magnétiquement entraînée par le vent solaire dont l'intensité et la direction dépendent de l'activité solaire. Ainsi une comète peut-elle être regardée comme une girouette cosmique, la position relative de ses queues, l'aspect de sa queue ionisée étant des indicateurs qui renseignent sur le comportement du Soleil.*

la Terre n'en reçoit qu'un signal porteur, mais la transmission de données reprend lorsque, l'amortisseur de nutation ayant joué son rôle, l'engin se trouve à nouveau stabilisé. Alors les dégâts pourront être évalués. Ils concernent la régulation thermique, le logiciel de bord, le senseur stellaire, et surtout la caméra qui ne réussit plus à viser Jupiter.

Pour l'ensemble des engins, le bilan de l'imagerie est finalement assez modeste : sans doute, les photographies auraient montré davantage de choses si la comète avait été abordée à son nœud ascendant.

Mais si le spectacle n'a pas été pleinement au rendez-vous des ambitions, la moisson scientifique apparaît prodigieuse. Là est le côté positif d'une grande activité manifestée par la comète : aux instruments elle a permis de collecter une information aussi riche que variée avec en premier lieu considération du rayonnement non visible émanant de la comète.

Outre ses caméras, la plate-forme des Vega possède en effet un spectromètre infrarouge de réalisation française dit IKS (I pour Infra, K pour Krasnaia, rouge en russe) muni d'un système réfrigérant conçu pour créer à deux reprises, chaque fois 3 heures durant −193 °C.

L'utilisation de cet appareil n'est pas simple. Sur Vega-1, après un refroidissement correct, l'appareil peut entrer en service le 6 mars à 7 h 32, soit 47 min seulement avant le survol (au lieu de 114 min comme prévu). Mais c'est pour être perturbé à 8 h 04 en raison d'un embouteillage de transmission : son fonctionnement reprendra seulement 22 min après le survol alors que Vega est déjà à 100 000 km au-delà du noyau. Sur Vega-2, l'appareil sera en panne. L'importance des données collectées dans de telles conditions n'en apparaîtra que plus remarquable.

Rien moins que 130 spectres ont été obtenus sur lesquels peuvent être identifiés le dioxyde de carbone, de nombreux hydrocarbures, et l'eau, beaucoup plus abondante que l'on pensait : ce sont plus de 40 t d'eau qui chaque seconde quittent le noyau.

Surtout la grande surprise provient du canal thermique. On s'attendait à enregistrer −70 °C. Or l'instrument IKS mesure des températures comprises entre +30 °C et +80 °C. Autrement dit, si intérieurement le noyau de la comète a une température de quelque −200 °C, sa périphérie est chaude. C'est l'omelette norvégienne ! Cette constatation doit être rapprochée des mesures de l'albédo. On l'imaginait élevé. Qui aurait cru qu'une boule de neige tassée puisse ne pas être d'un blanc éclatant ? Or le noyau se révèle plus noir que le velours le plus sombre !

Tout cela s'explique par la présence au sein de la comète de nombreux matériaux carbonés : les moins volatils se sont accumulés en surface. D'autre part, compte doit être tenu du phénomène évoqué dans le système d'Uranus : une glace de méthane ne peut, avec le temps, que voir ce composé rompu par les protons qui le bombardent avec libération de l'hydrogène tandis que le carbone restant constituera une couche sombre.

Ainsi faut-il amender le modèle de la comète regardée comme un astéroïde de glace qui, des milliards d'années durant, serait resté loin du Soleil conservant glacée la substance de la nébuleuse primitive. Dans sa masse, il en est sans doute ainsi. Mais on doit compter avec le bronzage de sa peau par vents stellaires et protons de toute origine.

En outre les sondes étaient munies de détecteurs de poussières. Vega-1 a enregistré sa première poussière 110 min avant le survol, alors qu'on l'attendait 15 min avant. Une heure durant, jusqu'à quelque 200 000 km du noyau, le taux de poussière est resté sensiblement constant. Quelque 60 000 particules de $10^{-15}$ gramme ont été enregistrées par seconde au mètre carré. Puis leur nombre s'est mis à croître, la taille ayant augmenté lors de l'approche du noyau : à 120 00 km, ce sont 2 000 particules de $10^{-13}$ à $10^{-12}$ gramme qui ont été décelées. Par la suite, 200 particules de $10^{-5}$ gramme seront détectées. Giotto détecte elle-même ses huit premières poussières 112 min avant le survol : la concordance apparaîtra remarquable.

Des spectromètres de masse déterminent les éléments qui constituent ces poussières. De conception très voisine, car imaginés dans les mêmes laboratoires, ils se nomment Puma sur les Vega, PIA sur Giotto. Percutant une cible d'argent, les poussières de la comète sont dissociées, et leurs atomes disloqués : ainsi obtient-on des ions dont la nature est révélée par observation de leur comportement dans un accélérateur. Ainsi découvrira-t-on des éléments légers et des éléments de la famille du fer.

Des mesures magnétiques viennent confirmer celles obtenues lors de la traversée par la sonde américaine ICE de la comète Giacobini-Zinner le 11 septembre 1985. Les émissions sont beaucoup plus fortes mais là encore aucune onde de choc n'est perçue. Le 9 mars lorsque débutent les mesures magnétiques de Vega-1 — à 6 h, à 650 000 km du noyau — l'engin est déjà entré dans la zone de turbulence magnétique ; ses instruments accusent 12 gammas (au lieu de 5 pour le champ interplanétaire). La transition est continue : 70 gammas seront enregistrés après une inversion du champ magnétique.

La contribution spatiale japonaise à l'entreprise aura enfin été importante. Les deux petites sondes (130 kg) Suisei et Sakigake sont passées à 145 000 km et 6,9 millions de kilomètres du noyau. Ainsi ont-elles contemplé la comète de loin mais cela leur a donné une vue d'ensemble de sa chevelure et de son halo, ces sondes ayant mesuré en ultraviolet des variations cycliques de la radiation révélatrices de la période de rotation du noyau, voisine de 52 heures.

*Cette image a été obtenue le 14 mars 1986 à 0 h 06 depuis 18 000 km. Le Soleil éclaire la comète par la partie inférieure droite. Dans le coin supérieur gauche, on voit une zone très sombre grossièrement circulaire, d'un diamètre de 4 km. Celle-ci fait en réalité partie d'une région elliptique plus vaste mesurant 13 km × 7 km qui englobe le noyau. De la droite de cette région émanent deux grands jets de poussière, brillants, qui s'étendent sur plus de 15 km en direction de l'astre du jour et constituent la principale activité apparente de la partie de ce noyau tournée vers le Soleil. La photographie de droite traduit en fausses couleurs les différentes brillances de l'événement : la partie vert foncé correspond à la zone sombre de l'image de gauche, la tache blanche désignant la grande éruption de poussière.*

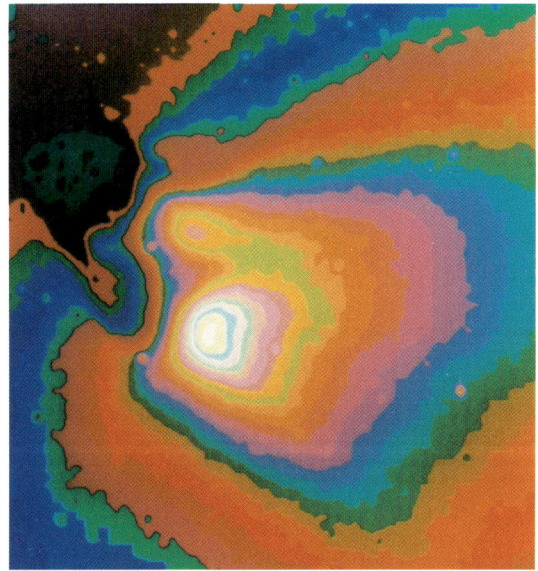

# CARACTERISTIQUES ESSENTIELLES

| Les neuf planètes | Distance au Soleil (millions de kilomètres) | | Durée de l'année (j = jours) | Durée du jour solaire (j = jours) | Inclinaison de l'orbite sur l'écliptique | Masse (Terre = 1) | Densité (eau = 1) | Inclinaison de l'axe de la planète | Aplatissement | Vitesse de libération (km/s) |
|---|---|---|---|---|---|---|---|---|---|---|
| | Minimum | Maximum | | | | | | | | |
| MERCURE | 46,033 | 69,815 | 87,9693 j | 175,938 j | 7,00° | 0,055283 | 5,44 | 0° | 0 | 4,3 |
| VENUS | 107,46 | 108,94 | 224,7008 j | 116,77 j | 3,39° | 0,815137 | 5,25 | −2° | 0 | 10,3 |
| TERRE | 147,10 | 152,10 | 365,2564 j | 24 h | 0° | 1 | 5,52 | 23,442° | 1/298,15 | 11,2 |
| MARS | 206,67 | 249,21 | 1,8809 an | 211 h 39 min | 1,85° | 0,107446 | 3,91 | 24,780° | 1/160 | 5,02 |
| JUPITER | 740,63 | 815,97 | 11,8622 ans | 9 h 50 min | 1,30° | 317,95 | 1,31 | 3,09° | 1/15,70 | 59,5 |
| SATURNE | 1425,0 | 1509,0 | 29,458 ans | 10 h 42 min | 2,49° | 95,18 | 0,69 | 26,7° | 1/9,80 | 35,6 |
| URANUS | 2740,0 | 3009,8 | 84,014 ans | 16 h 30 min | 0,77° | 14,60 | 1,59 | 97,9° | 1/40 | 21,2 |
| NEPTUNE | 4463,8 | 4544,9 | 164,79 ans | 15 h 48 min | 1,77° | 17,23 | 1,76 | 28,8° | 1/37,5 | 23,6 |
| PLUTON | 4431 | 7369 | 247,18 ans | 153 h 18 min | 17,1° | 0,0026 | 1,8 | ? | ? | 1 |

# LES CLES DE LA REUSSITE

1 / Venera-13

2 / Pioneer-11

3 / Apollo-10 (LM)

4 / Vega-1

5 / Mariner-10

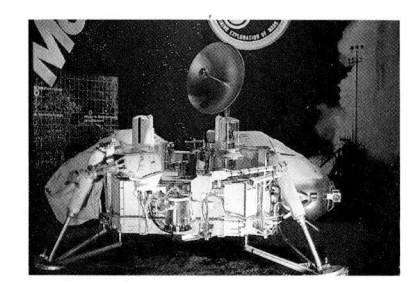

6 / Viking-1

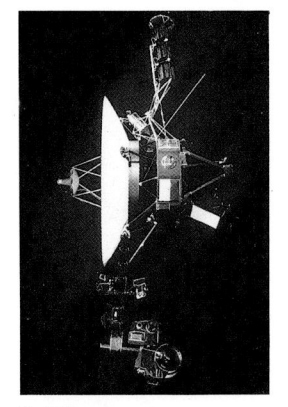

7 / Voyager-2

8 / Giotto

*Nous sommes redevables à la NASA du plus grand nombre des photographies présentées dans ce volume, dont celle de la couverture. Les autres proviennent de : Académie des sciences de Moscou, p. 24-25 - 26 g - 108 h - 109 b - 110-112/1 - 112/4 ; Catalina observatory, 104 m ; ESA, 30 b - 106 - 111 - 112/8 ; Hale observatories, 105 h ; IAP-OHP-CNRS, 110 g ; McDonald and Yerkes observatories 104 h - 104 b ; Observatoire Canada-France-Hawaii, 105 b ; G. Baier et G. Weigelt, 105 b ; photos X, 9 - 10 h - 10 b - 11 h - 33 h. (h = haut ; b = bas ; m = milieu ; g = gauche).*

Achevé d'imprimer en avril 1986 sur les presses de l'imprimerie Lescaret à Paris.